〔　　がつ　　にち〕

1 ビルはいくつ見え

≪準備しよう！≫ ビルディングで使う専用の積み木を用意しましょう。

≪ステップ１≫ 中に書いてある数字はビルの高さです。
そのビルの高さに合わせて積み木を置きましょう。

≪ステップ２≫ 積み木を置いたら，
たて・横に同じ色の積み木がないことを確認しましょう。

≪ステップ３≫ 矢印の方向から見たとき，その列にいくつのビルが見えるか，
□の中に個数を数字で書きましょう。

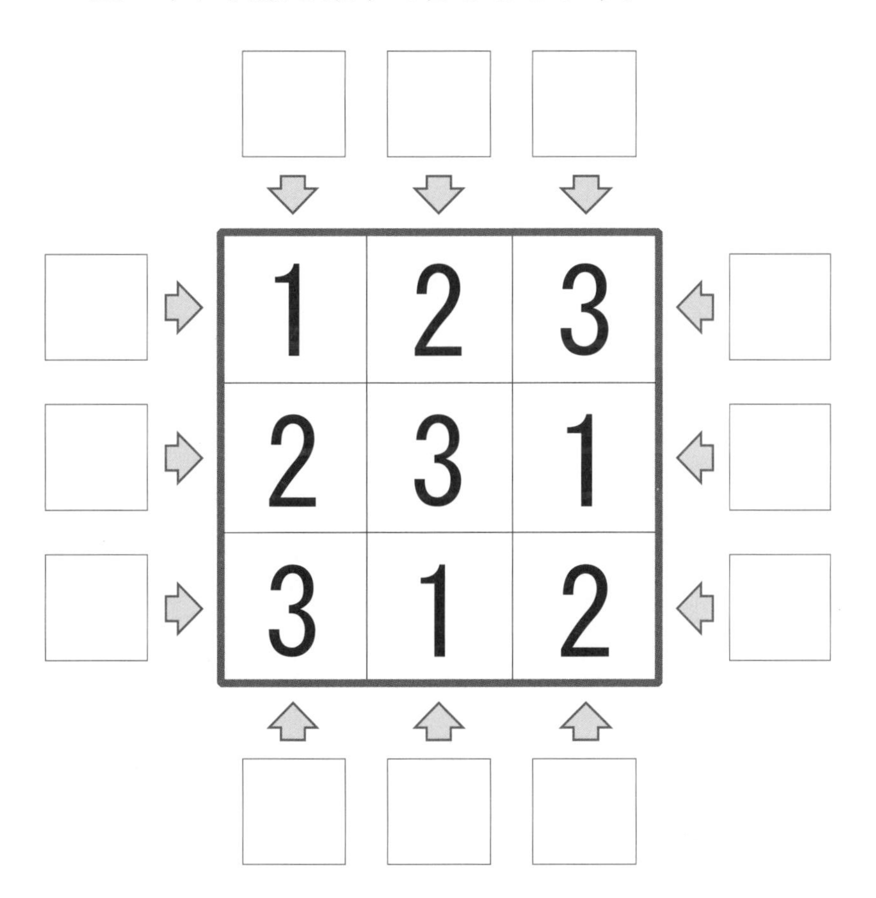

この　パズルは　とっても　むずかしいんだ。　でも　ビルを
つかって　かんがえてみよう！　かんせいしたら　いろんな
ほうこうから　みると　いろんなことが　わかってくるよ！

〔　　がつ　　にち〕

2 ビルはいくつ見える？

≪準備しよう！≫ ビルディングで使う専用の積み木を用意しましょう。

≪ステップ1≫ 中に書いてある数字はビルの高さです。
そのビルの高さに合わせて積み木を置きましょう。

≪ステップ2≫ 積み木を置いたら，
たて・横に同じ色の積み木がないことを確認しましょう。

≪ステップ3≫ 矢印の方向から見たとき，その列にいくつのビルが見えるか，
□の中に個数を数字で書きましょう。

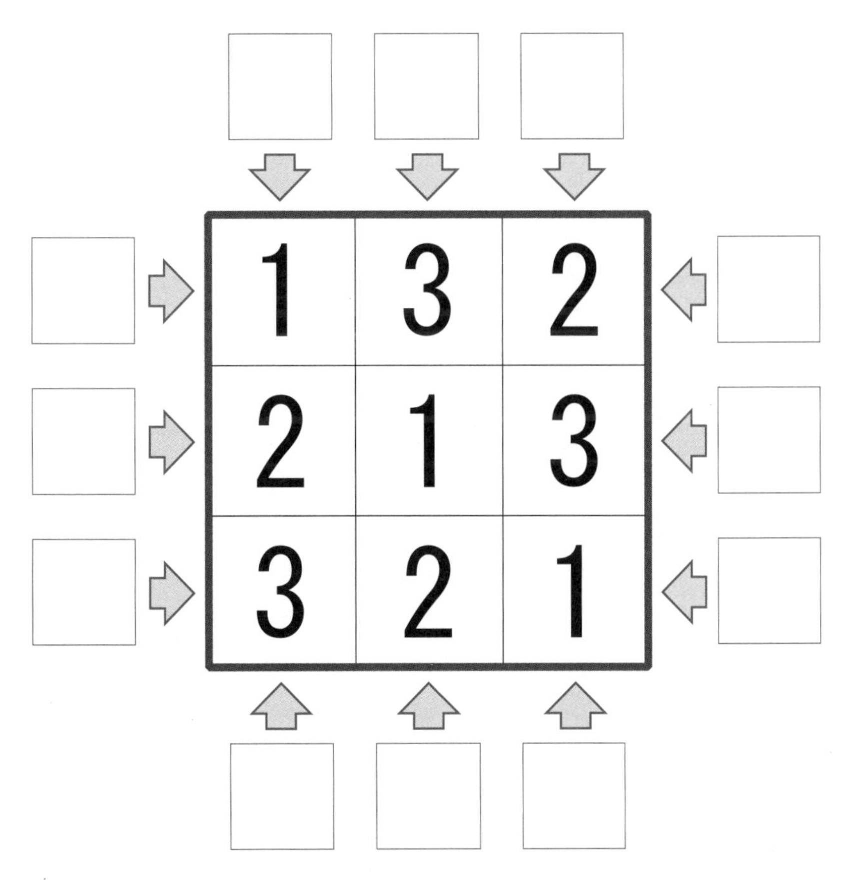

1	3	2
2	1	3
3	2	1

この　パズルは　とっても　むずかしいんだ。　でも　ビルを
つかって　かんがえてみよう！　かんせいしたら　いろんな
ほうこうから　みると　いろんなことが　わかってくるよ！

3 ビルをつくろう！

≪準備しよう！≫ ビルディングで使う専用の積み木を用意しましょう。

≪ステップ1≫ 外側に書いてある数字はその方向から見たときに見えるビルの数を表しています。

≪ステップ2≫ たて・横に同じビルは並びません。
①②③④⑤の順に，ビルを置いてみましょう。

≪ステップ3≫ ①②③④⑤以外の方向から見たビルの数が正しいか確認してみましょう。

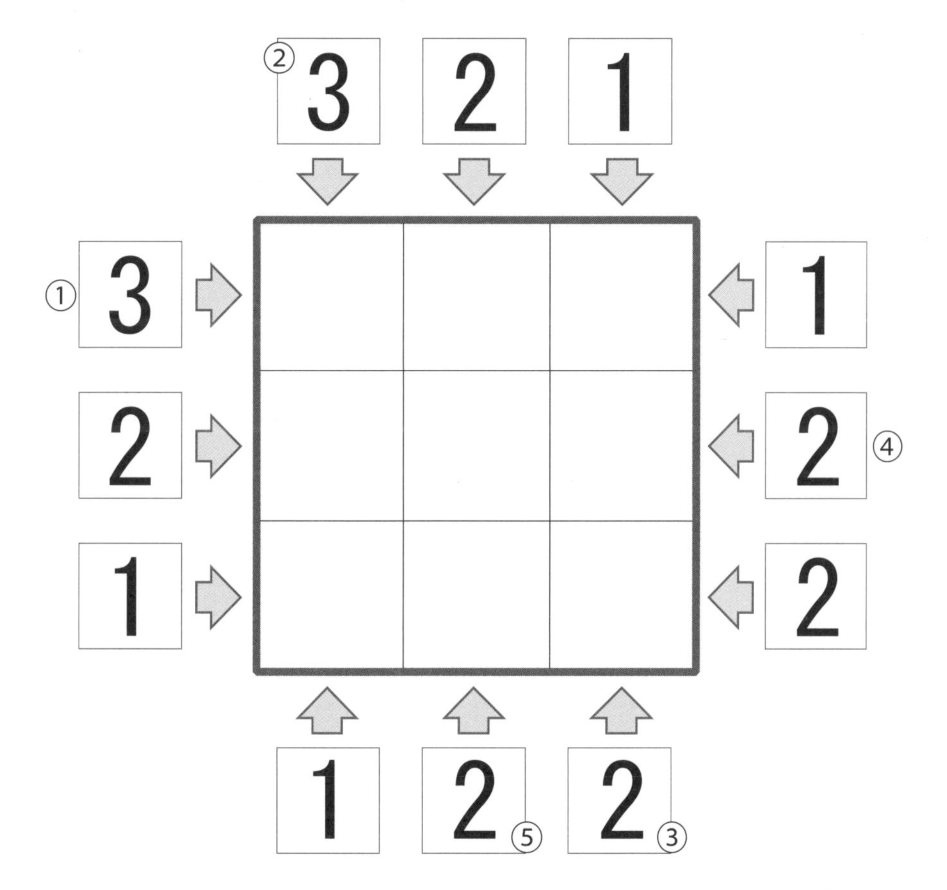

この　パズルは　とっても　むずかしいんだ。 でも　ビルを
つかって　かんがえてみよう！　かんせいしたら　いろんな
ほうこうから　みると　いろんなことが　わかってくるよ！

4 ビルをつくろう！

≪準備しよう！≫ ビルディングで使う専用の積み木を用意しましょう。

≪ステップ1≫ 外側に書いてある数字はその方向から見たときに見えるビルの数を表しています。

≪ステップ2≫ たて・横に同じビルは並びません。
①②③④⑤の順に，ビルを置いてみましょう。

≪ステップ3≫ ①②③④⑤以外の方向から見たビルの数が正しいか確認してみましょう。

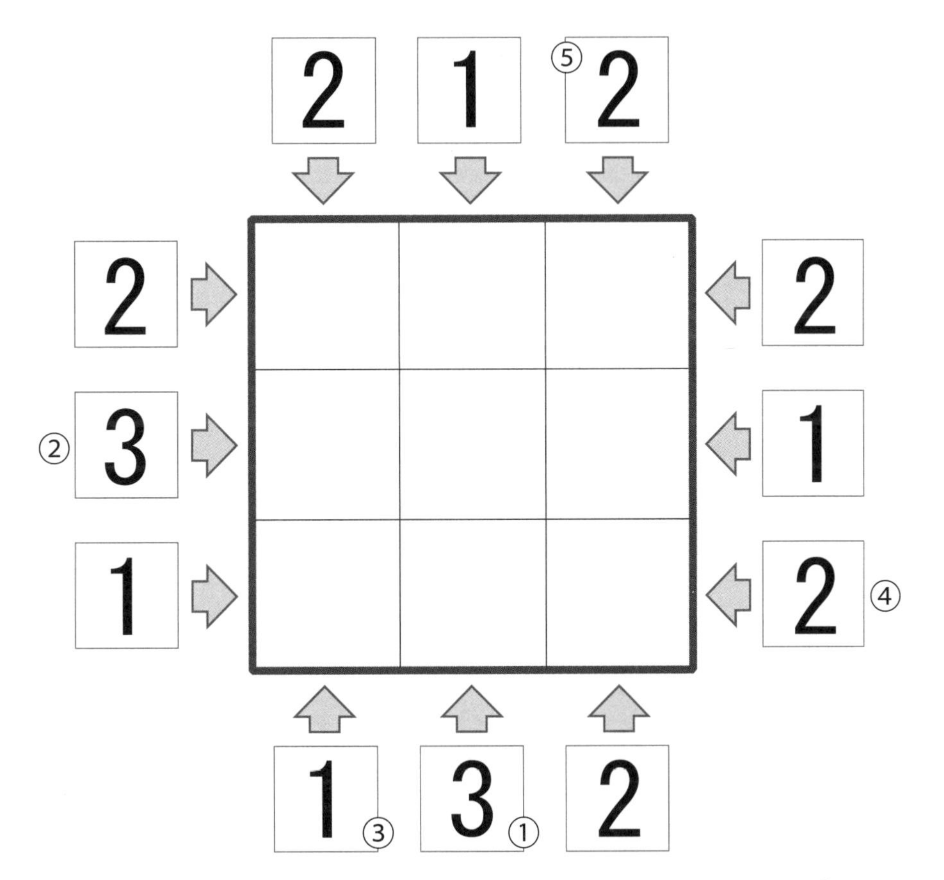

この　パズルは　とっても　むずかしいんだ。　でも　ビルを
つかって　かんがえてみよう！　かんせいしたら　いろんな
ほうこうから　みると　いろんなことが　わかってくるよ！

〔　　がつ　　にち〕

5 め　い　ろ

≪ルール１≫ スタートからゴールまで進(すす)みます。

≪ルール２≫ 読書(どくしょ)をしている“わんくん”のじゃまをしないように，ゴールまで進(すす)みましょう。

≪ルール３≫ 進(すす)むときに，かべにぶつかってはいけません。

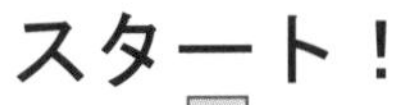

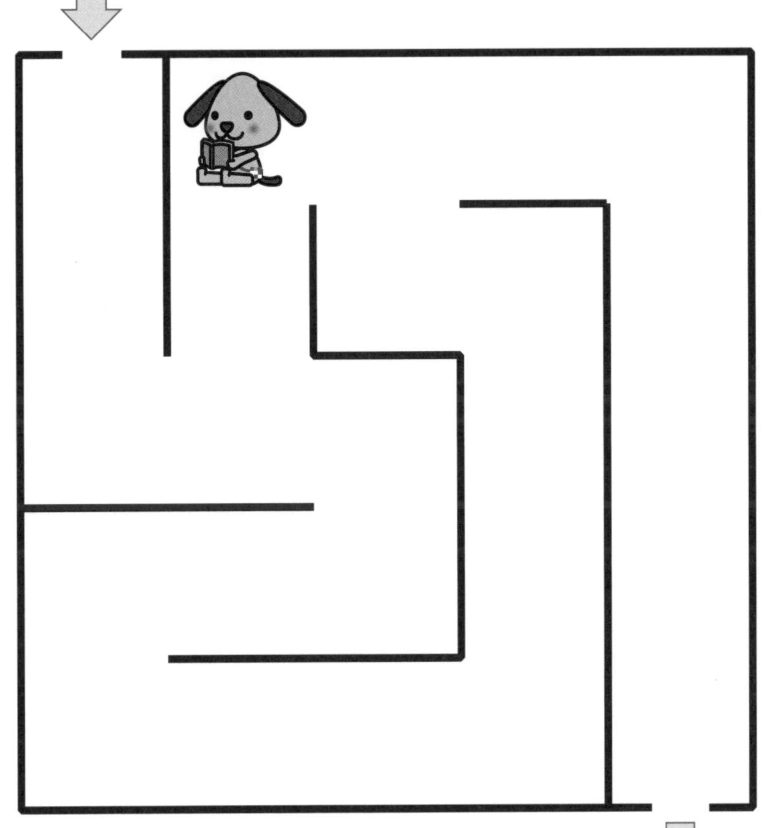

ゴール！

ゴールまで　たどりつけるかな？　ほんを　よんでいる　ぼくが
きづかないように　きを　つけて　すすんでみてね！
かべにも　ぶつからないように　きを　つけてね！

〔　　がつ　　にち〕

6 めいろ

≪ルール１≫ スタートからゴールまで進(すす)みます。

≪ルール２≫ 読書(どくしょ)をしている“わんくん”のじゃまをしないように，ゴールまで進(すす)みましょう。

≪ルール３≫ 進(すす)むときに，かべにぶつかってはいけません。

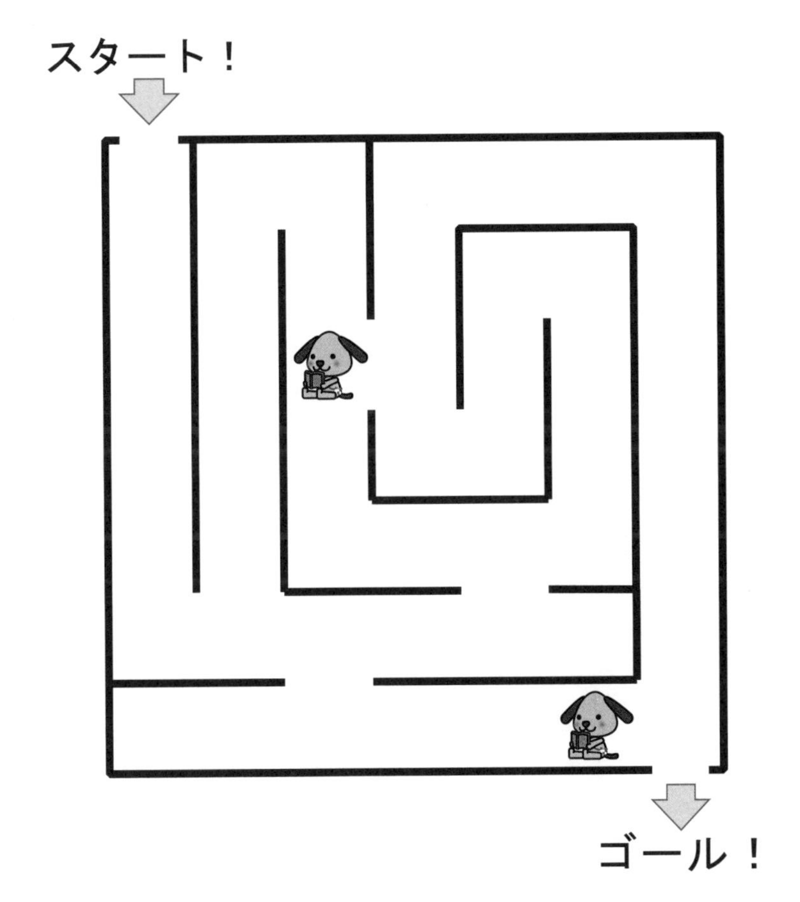

ゴールまで　たどりつけるかな？　ほんを　よんでいる　ぼくが
きづかないように　きを　つけて　すすんでみてね！
かべにも　ぶつからないように　きを　つけてね！

〔　　がつ　　にち〕

7 どっちが重い・軽い？

≪トレーニング≫ いちばん重いものに○をしましょう。

(1) (2)

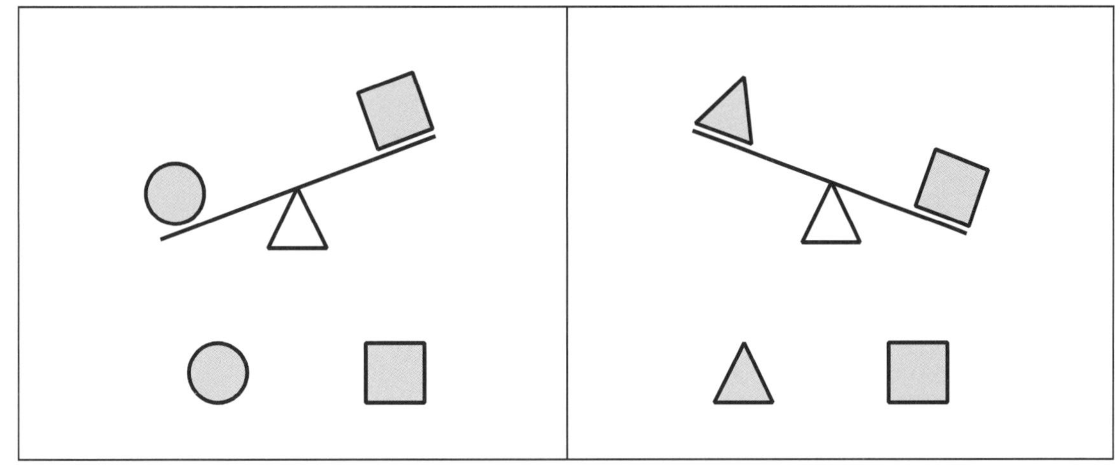

(3)

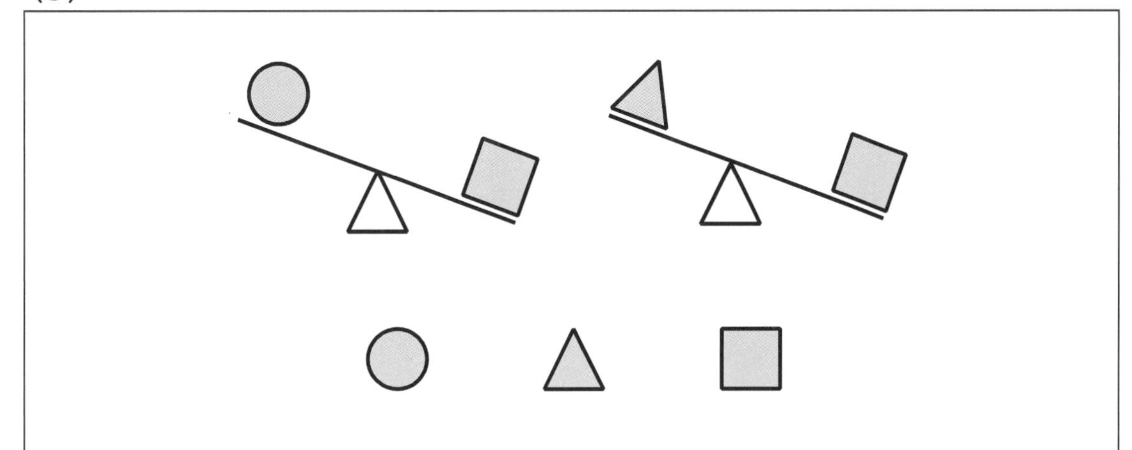

おもい　と　かるい　って　むずかしいよね！　でも　あたまの
なかで　たくさん　イメージすると　いろんな　さくせんが
かんがえられるよ！

〔　　がつ　　にち〕

8 どれが大きい・小さい？

≪トレーニング≫ 同じ形の中でいちばん大きいものに○をしましょう。

(1)

(2)

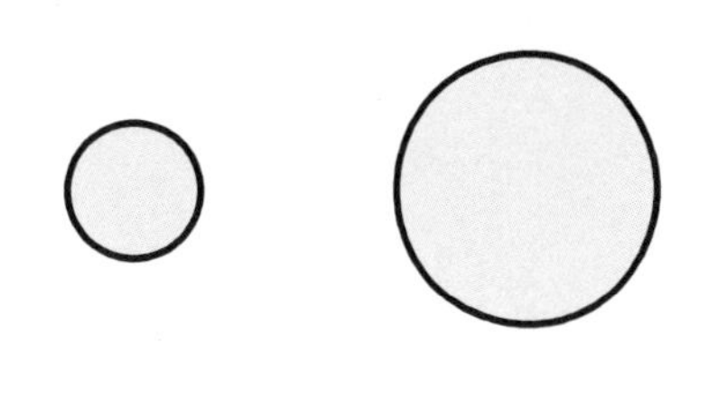

(3)

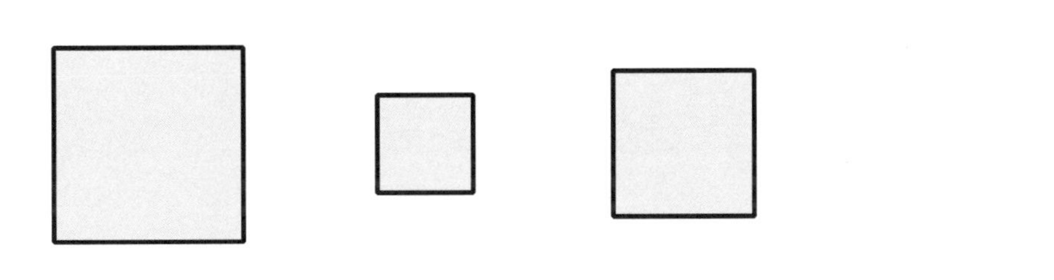

(4)

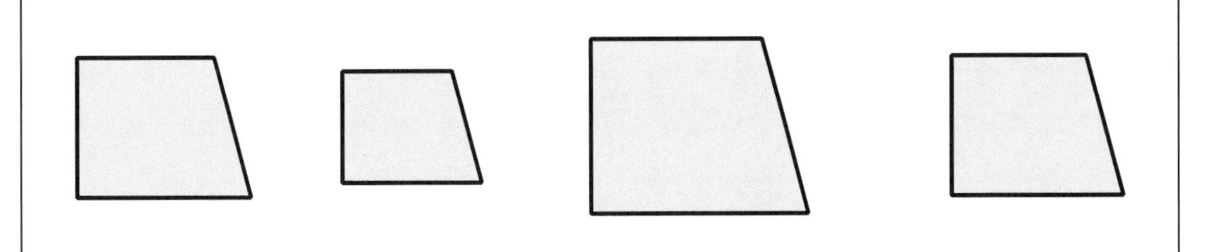

おおきい　と　ちいさい　は　くらべてみると　わかってくるね！
でも　おなじ　かたちでも　むきが　ちがうと　むずかしいね！

9 なかまさがし

≪トレーニング≫ お手本（てほん）と同（おな）じ形（かたち）に○をつけましょう。

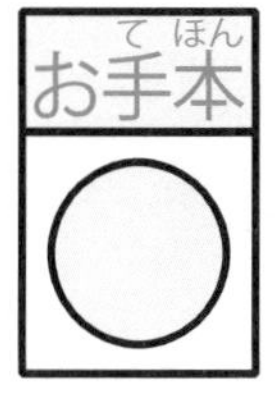

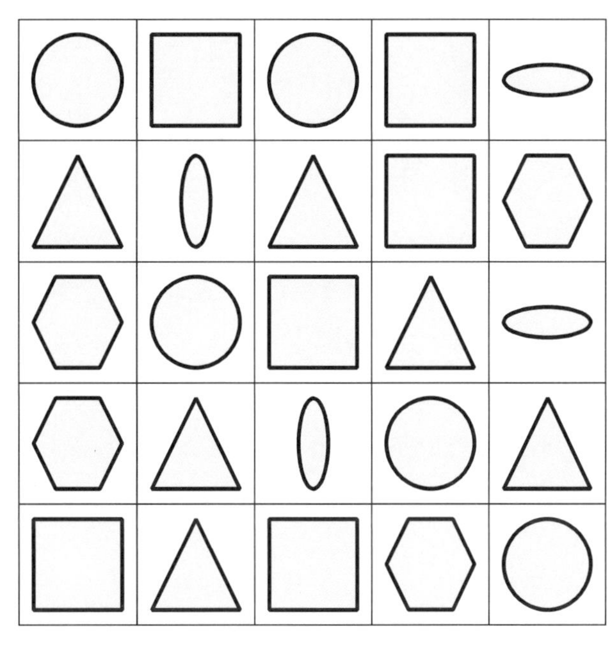

かくれんぼしている　おなじ　かたちを　さがして　みよう！
きづかない　ところにも　かくれているよ！

10 ビルはいくつ見える？

≪準備しよう！≫ ビルディングで使う専用の積み木を用意しましょう。

≪ステップ1≫ 中に書いてある数字はビルの高さです。
そのビルの高さに合わせて積み木を置きましょう。

≪ステップ2≫ 積み木を置いたら，
たて・横に同じ色の積み木がないことを確認しましょう。

≪ステップ3≫ 矢印の方向から見たとき，その列にいくつのビルが見えるか，
□の中に個数を数字で書きましょう。

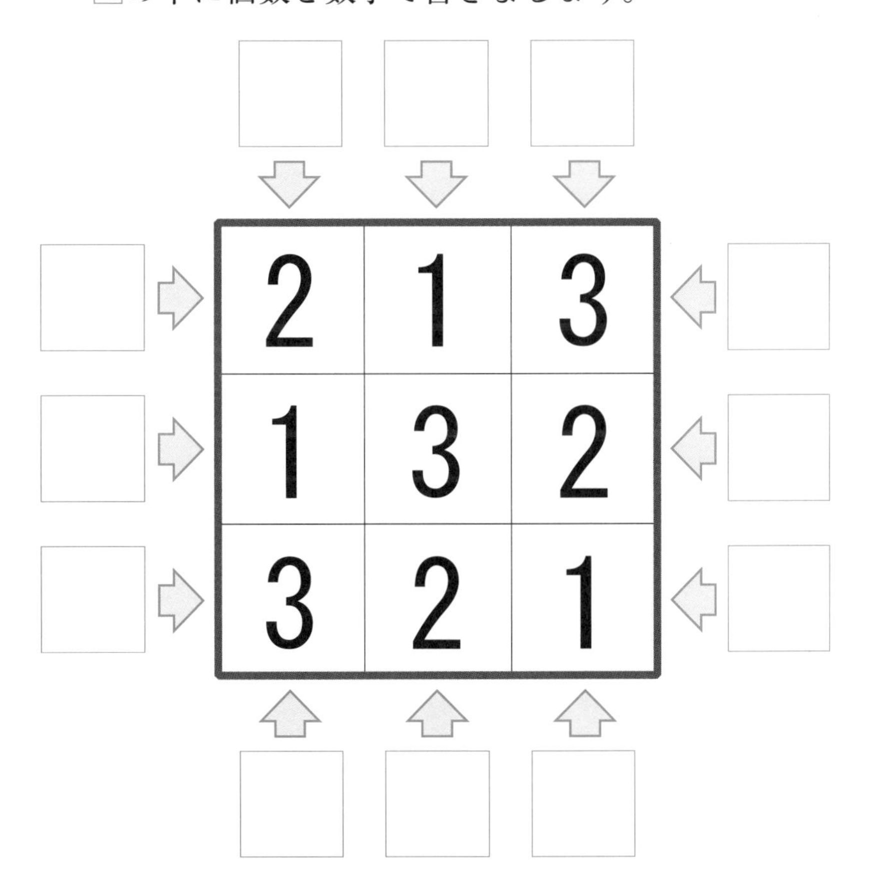

2	1	3
1	3	2
3	2	1

この　パズルは　とっても　むずかしいんだ。　でも　ビルを
つかって　かんがえてみよう！　かんせいしたら　いろんな
ほうこうから　みると　いろんなことが　わかってくるよ！

11 ビルはいくつ見える？

≪準備しよう！≫ ビルディングで使う専用の積み木を用意しましょう。

≪ステップ1≫ 中に書いてある数字はビルの高さです。
そのビルの高さに合わせて積み木を置きましょう。

≪ステップ2≫ 積み木を置いたら，
たて・横に同じ色の積み木がないことを確認しましょう。

≪ステップ3≫ 矢印の方向から見たとき，その列にいくつのビルが見えるか，
□の中に個数を数字で書きましょう。

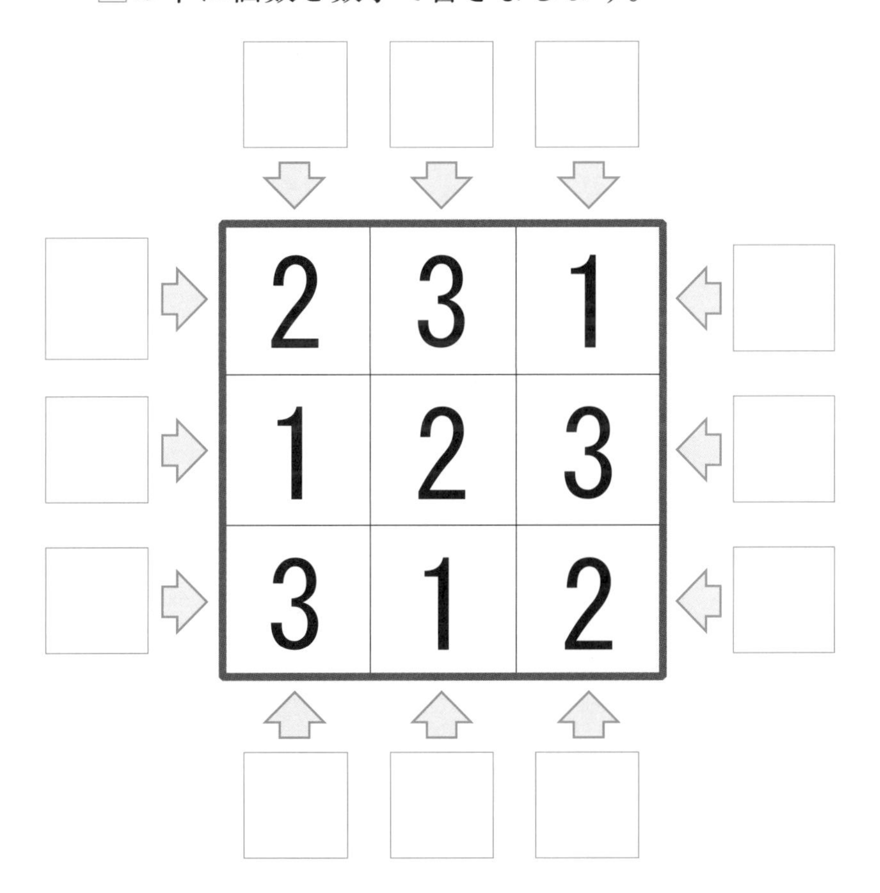

この　パズルは　とっても　むずかしいんだ。　でも　ビルを
つかって　かんがえてみよう！　かんせいしたら　いろんな
ほうこうから　みると　いろんなことが　わかってくるよ！

12 ビルをつくろう！

≪準備しよう！≫ ビルディングで使う専用の積み木を用意しましょう。

≪ステップ1≫ 外側に書いてある数字はその方向から見たときに見えるビルの数を表しています。

≪ステップ2≫ たて・横に同じビルは並びません。
①②③の順に，ビルを置いてみましょう。

≪ステップ3≫ 残りのビルをその数が見えるように置いてみましょう。
そして，正しいか確認しましょう。

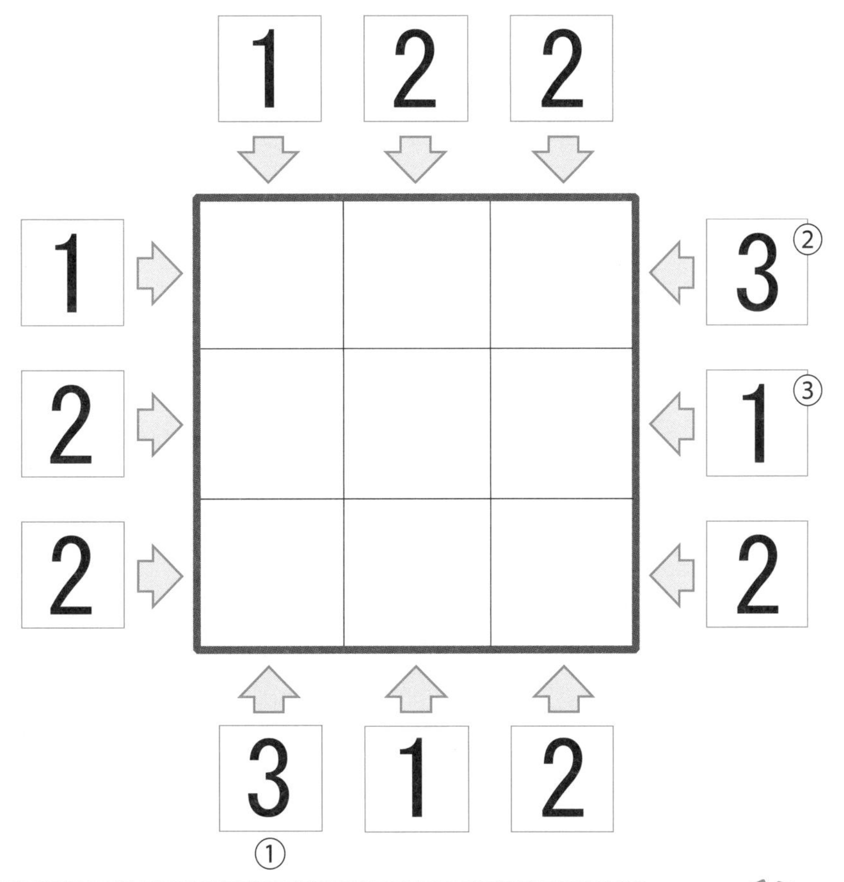

この　パズルは　とっても　むずかしいんだ。　でも　ビルを
つかって　かんがえてみよう！　かんせいしたら　いろんな
ほうこうから　みると　いろんなことが　わかってくるよ！

13 ビルをつくろう！

≪準備しよう！≫ ビルディングで使う専用の積み木を用意しましょう。

≪ステップ1≫ 外側に書いてある数字はその方向から見たときに見えるビルの数を表しています。

≪ステップ2≫ たて・横に同じビルは並びません。
①②③の順に，ビルを置いてみましょう。

≪ステップ3≫ 残りのビルをその数が見えるように置いてみましょう。
そして，正しいか確認しましょう。

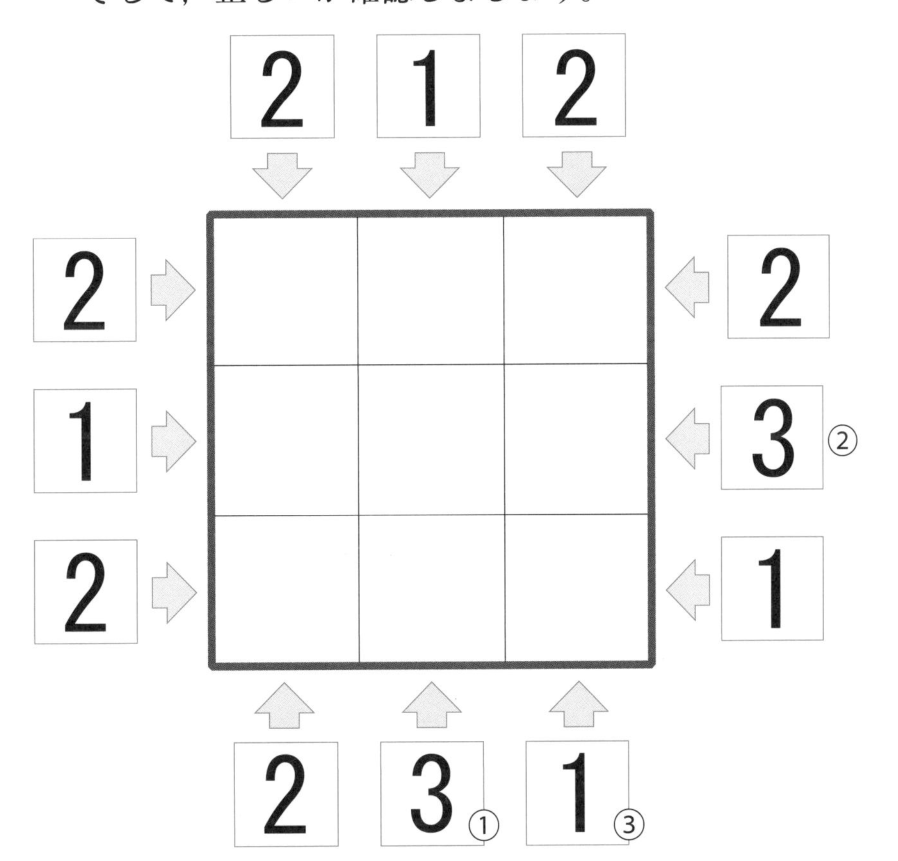

この　パズルは　とっても　むずかしいんだ。　でも　ビルを
つかって　かんがえてみよう！　かんせいしたら　いろんな
ほうこうから　みると　いろんなことが　わかってくるよ！

〔　　がつ　　にち〕

14 めいろ

≪ルール1≫ スタートからゴールまで進(すす)みます。

≪ルール2≫ 読書(どくしょ)をしている“わんくん”のじゃまをしないように，ゴールまで進(すす)みましょう。

≪ルール3≫ 進(すす)むときに，かべにぶつかってはいけません。

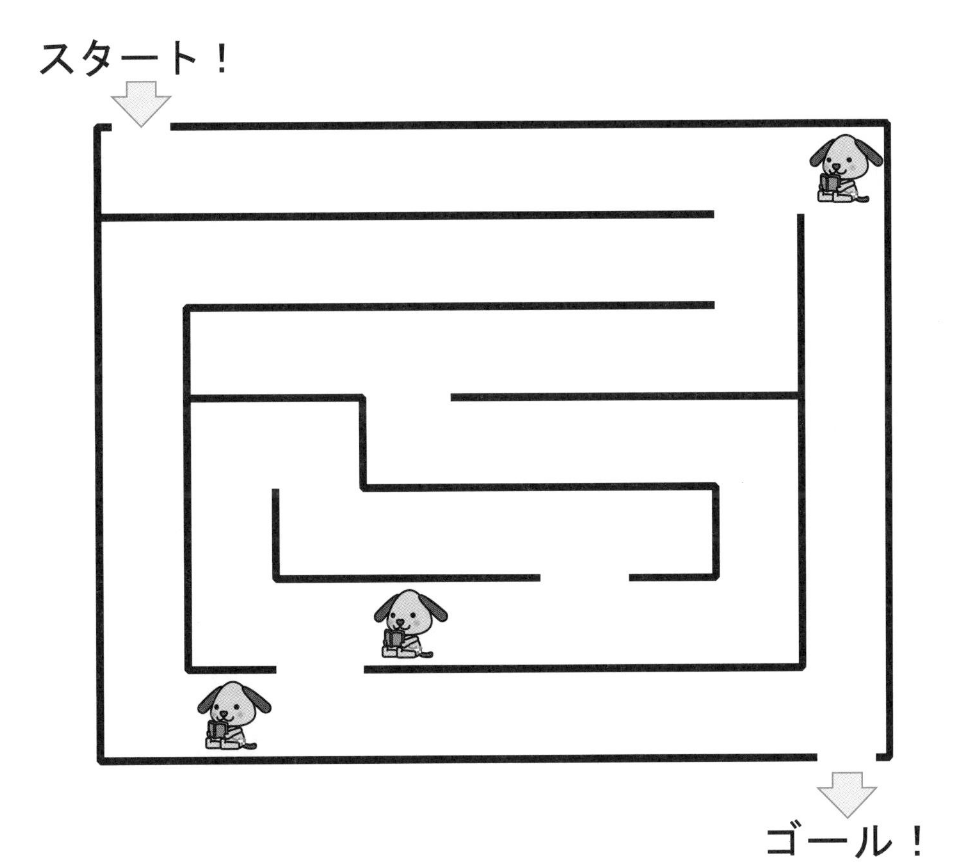

ゴールまで　たどりつけるかな？　ほんを　よんでいる　ぼくが
きづかないように　きを　つけて　すすんでみてね！
かべにも　ぶつからないように　きを　つけてね！

〔　　　がつ　　　にち〕

15　め　い　ろ

≪ルール１≫ スタートからゴールまで進みます。

≪ルール２≫ 読書をしている“わんくん”のじゃまをしないように，ゴールまで進みましょう。

≪ルール３≫ 進むときに，かべにぶつかってはいけません。

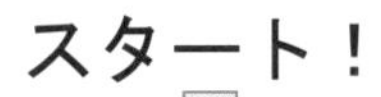

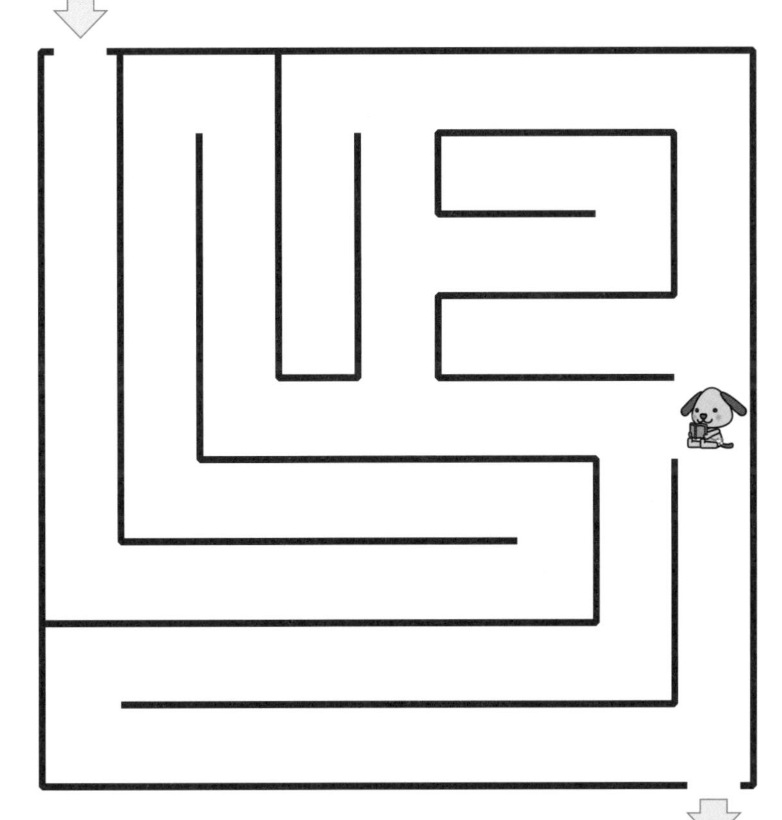

ゴール！

ゴールまで　たどりつけるかな？　ほんを　よんでいる　ぼくが
きづかないように　きを　つけて　すすんでみてね！
かべにも　ぶつからないように　きを　つけてね！

〔　　がつ　　にち〕

16 どっちが重(おも)い・軽(かる)い？

≪トレーニング≫ いちばん重(おも)いものに○をしましょう。

(1)　(2)

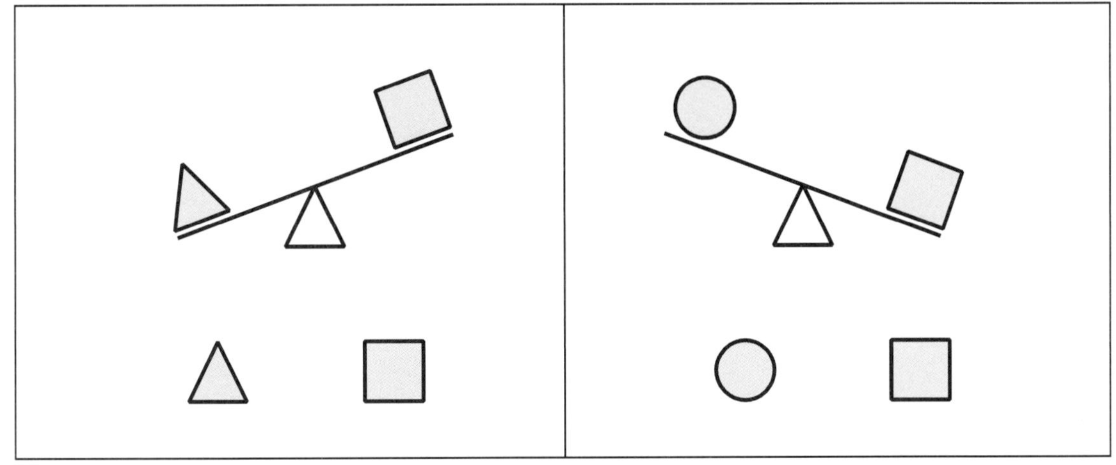

(3)

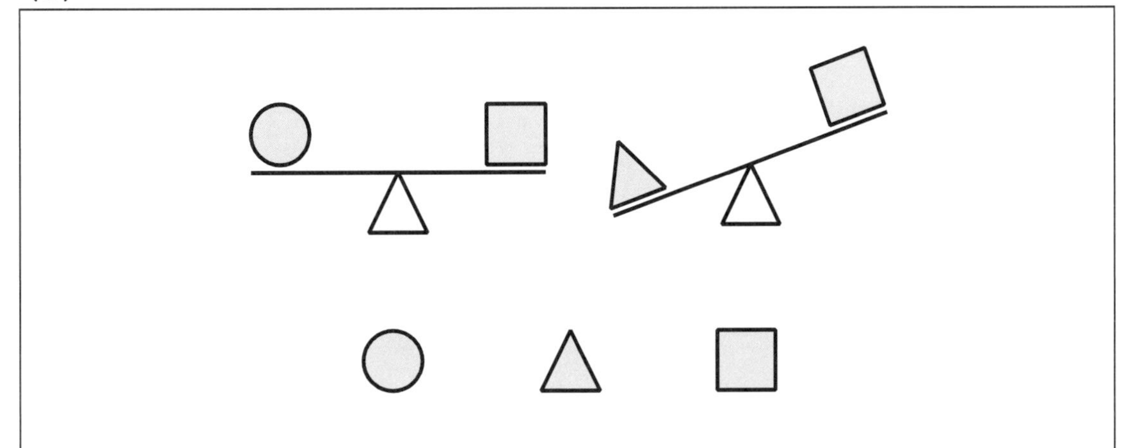

おもい　と　かるい　って　むずかしいよね！　でも　あたまの
なかで　たくさん　イメージすると　いろんな　さくせんが
かんがえられるよ！

17 どれが大きい・小さい？

≪トレーニング≫ 同じ形の中でいちばん小さいものに○をしましょう。

(1)

(2)

(3)

(4)

おおきい　と　ちいさい　は　くらべてみると　わかってくるね！
でも　おなじ　かたちでも　むきが　ちがうと　むずかしいね！

18 なかまさがし

≪トレーニング≫ お手本(てほん)と同(おな)じ形(かたち)に○をつけましょう。

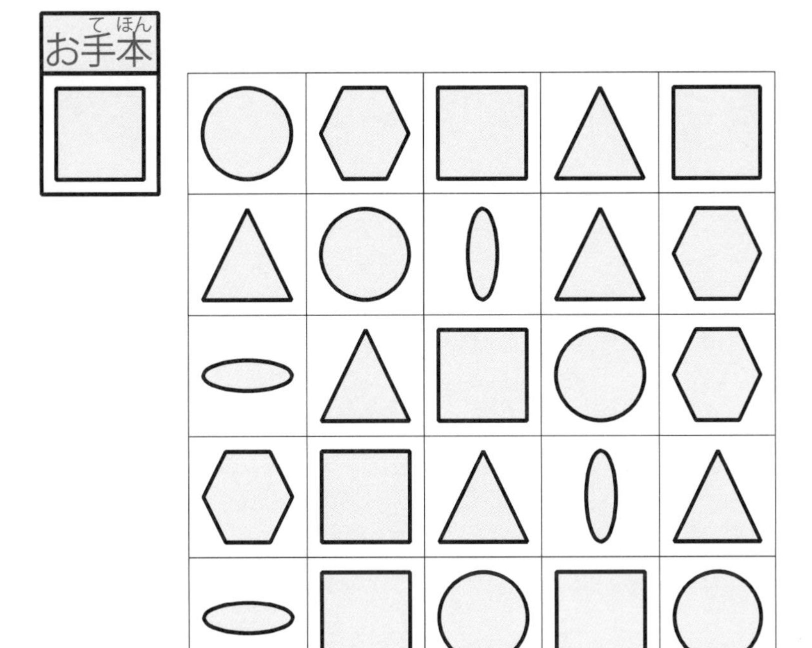

かくれんぼしている　おなじ　かたちを　さがして　みよう！
きづかない　ところにも　かくれているよ！

〔　　がつ　　にち〕

19 ビルはいくつ見(み)える？

≪準備(じゅんび)しよう！≫ ビルディングで使(つか)う専用(せんよう)の積(つ)み木(き)を用意(ようい)しましょう。

≪ステップ1≫ 中(なか)に書(か)いてある数字(すうじ)はビルの高(たか)さです。
そのビルの高(たか)さに合(あ)わせて積(つ)み木(き)を置(お)きましょう。

≪ステップ2≫ 積(つ)み木(き)を置(お)いたら，
たて・横(よこ)に同(おな)じ色(いろ)の積(つ)み木(き)がないことを確認(かくにん)しましょう。

≪ステップ3≫ 矢印(やじるし)の方向(ほうこう)から見(み)たとき，その列(れつ)にいくつのビルが見(み)えるか，
□の中(なか)に個数(こすう)を数字(すうじ)で書(か)きましょう。

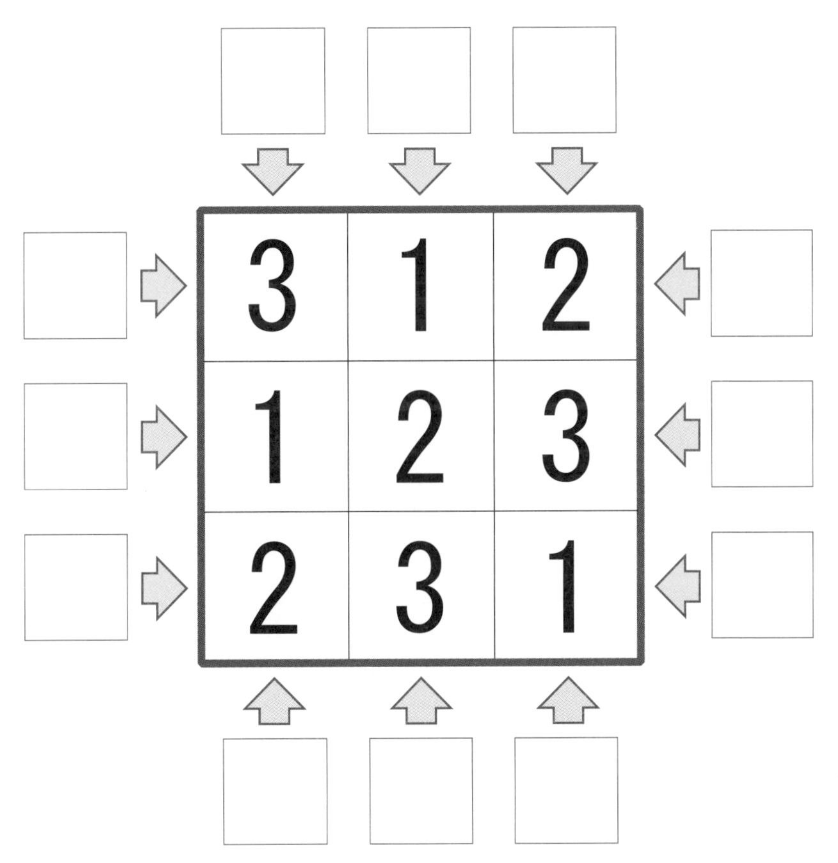

この　パズルは　とっても　むずかしいんだ。　でも　ビルを
つかって　かんがえてみよう！　かんせいしたら　いろんな
ほうこうから　みると　いろんなことが　わかってくるよ！

20 ビルはいくつ見える？

≪準備しよう！≫ ビルディングで使う専用の積み木を用意しましょう。

≪ステップ1≫ 中に書いてある数字はビルの高さです。
そのビルの高さに合わせて積み木を置きましょう。

≪ステップ2≫ 積み木を置いたら，
たて・横に同じ色の積み木がないことを確認しましょう。

≪ステップ3≫ 矢印の方向から見たとき，その列にいくつのビルが見えるか，
□の中に個数を数字で書きましょう。

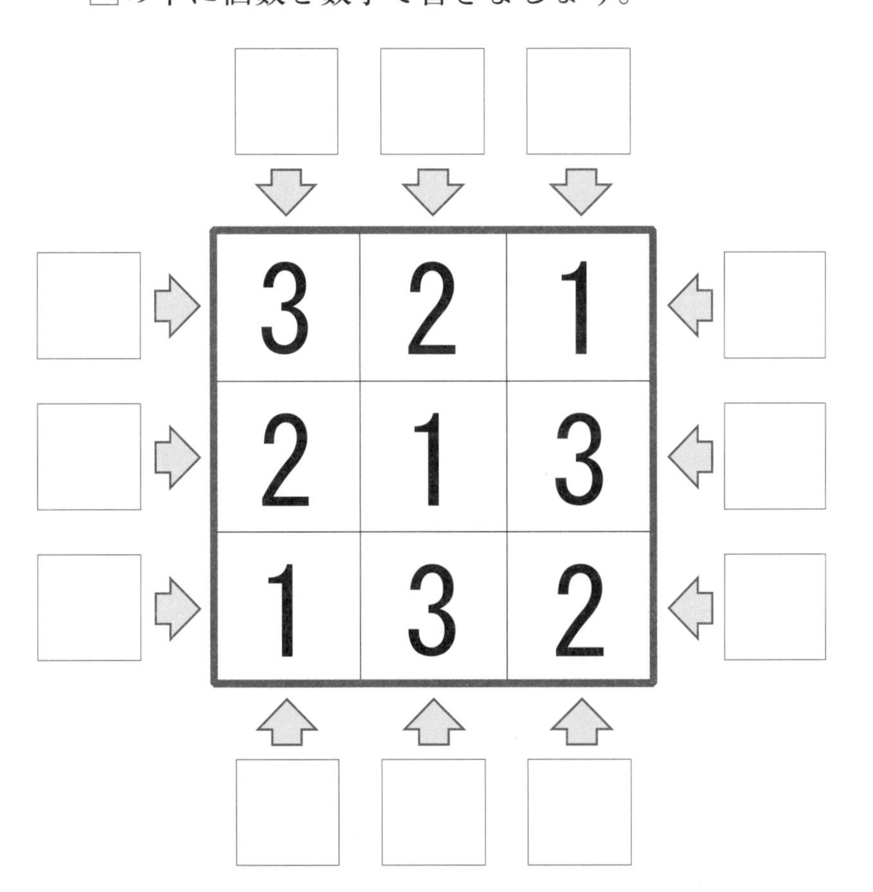

このパズルは　とっても　むずかしいんだ。　でも　ビルを
つかって　かんがえてみよう！　かんせいしたら　いろんな
ほうこうから　みると　いろんなことが　わかってくるよ！

〔　　がつ　　にち〕

21 ビルはいくつ見える？

≪準備しよう！≫ ビルディングで使う専用の積み木を用意しましょう。

≪ステップ1≫ 中に書いてある数字はビルの高さです。
そのビルの高さに合わせて積み木を置きましょう。

≪ステップ2≫ 積み木を置いたら，
たて・横に同じ色の積み木がないことを確認しましょう。

≪ステップ3≫ 矢印の方向から見たとき，その列にいくつのビルが見えるか，
□の中に個数を数字で書きましょう。

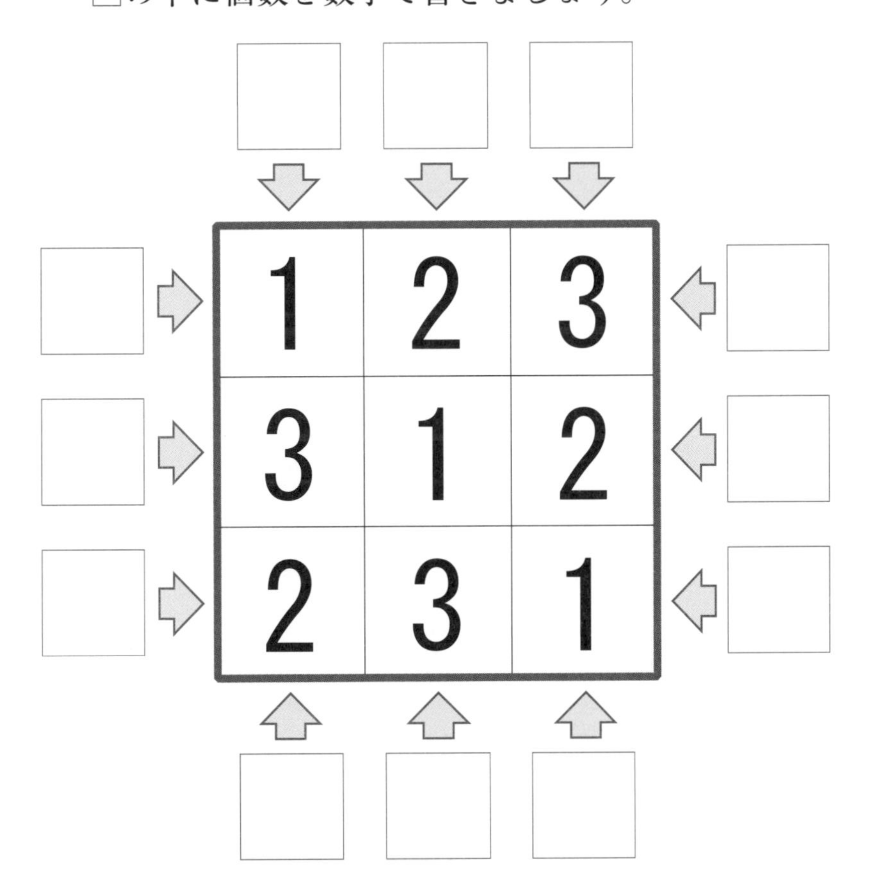

この　パズルは　とっても　むずかしいんだ。　でも　ビルを
つかって　かんがえてみよう！　かんせいしたら　いろんな
ほうこうから　みると　いろんなことが　わかってくるよ！

〔　　がつ　　にち〕

22 ビルをつくろう！

≪準備しよう！≫ ビルディングで使う専用の積み木を用意しましょう。

≪ステップ1≫ 外側に書いてある数字はその方向から見たときに見えるビルの数を表しています。

≪ステップ2≫ たて・横に同じビルは並びません。
分かるところからビルを置いてみましょう。

≪ステップ3≫ すべての方向から見える数字が正しいか確認しましょう。

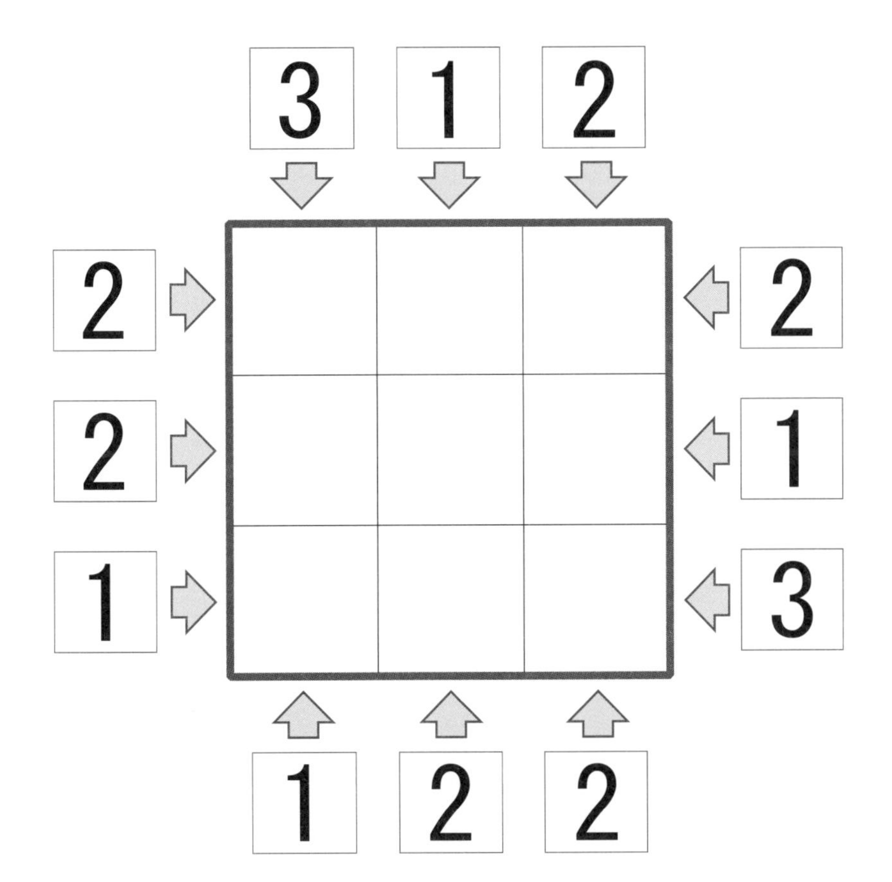

このパズルは　とっても　むずかしいんだ。　でも　ビルを
つかって　かんがえてみよう！　かんせいしたら　いろんな
ほうこうから　みると　いろんなことが　わかってくるよ！

23 ビルをつくろう！

≪準備しよう！≫ ビルディングで使う専用の積み木を用意しましょう。

≪ステップ1≫ 外側に書いてある数字はその方向から見たときに見えるビルの数を表しています。

≪ステップ2≫ たて・横に同じビルは並びません。
分かるところからビルを置いてみましょう。

≪ステップ3≫ すべての方向から見える数字が正しいか確認しましょう。

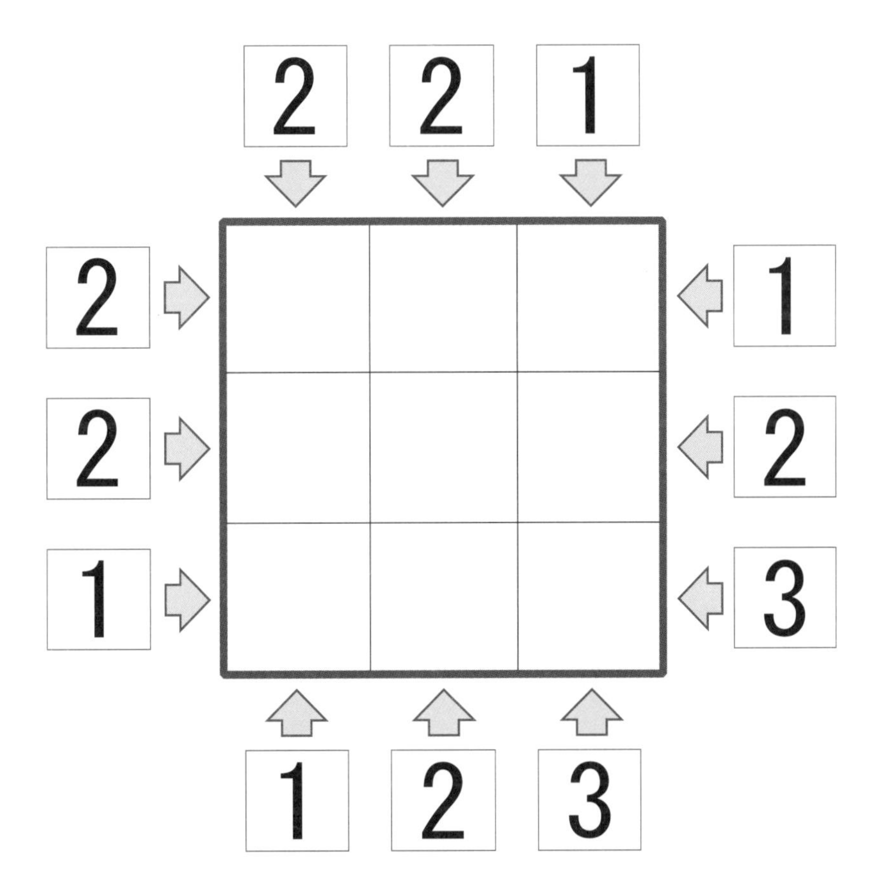

この　パズルは　とっても　むずかしいんだ。　でも　ビルを
つかって　かんがえてみよう！　かんせいしたら　いろんな
ほうこうから　みると　いろんなことが　わかってくるよ！

〔　　がつ　　にち〕

24 め　い　ろ

≪ルール１≫ スタートからゴールまで進み(すす)ます。

≪ルール２≫ 読書(どくしょ)をしている“わんくん”のじゃまをしないように，ゴールまで進み(すす)ましょう。

≪ルール３≫ 進む(すす)ときに，かべにぶつかってはいけません。

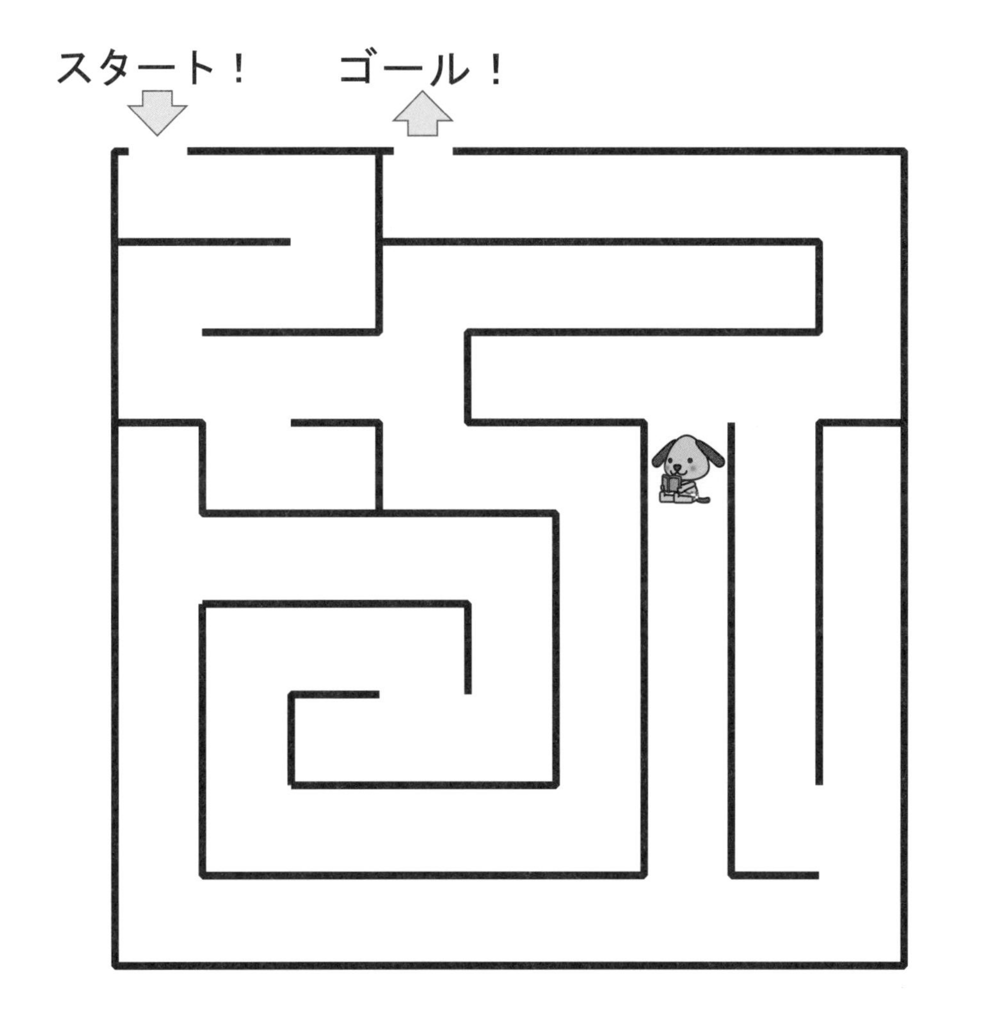

ゴールまで　たどりつけるかな？　ほんを　よんでいる　ぼくが
きづかないように　きを　つけて　すすんでみてね！
かべにも　ぶつからないように　きを　つけてね！

〔　　がつ　　にち〕

25 どっちが重(おも)い・軽(かる)い？

≪トレーニング≫ いちばん軽(かる)いものに○をしましょう。

(1)　(2)

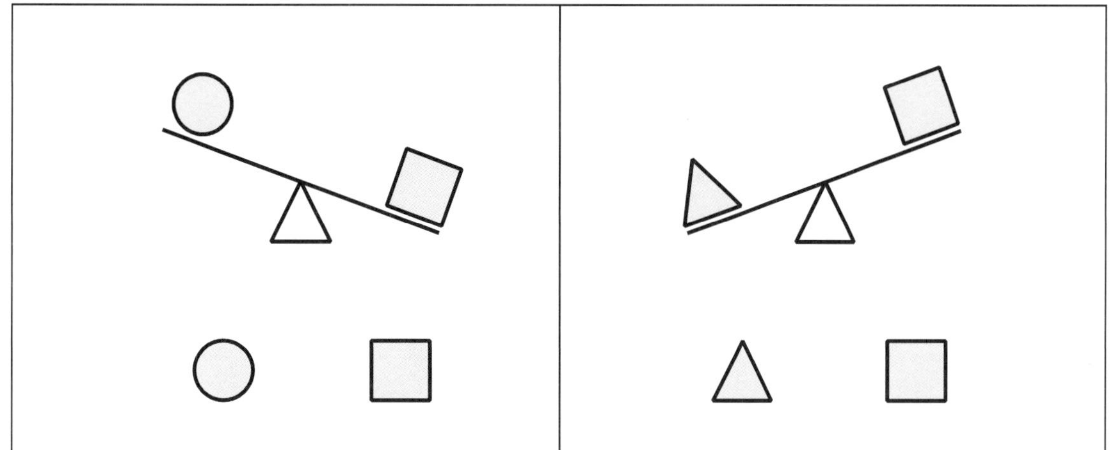

(3)

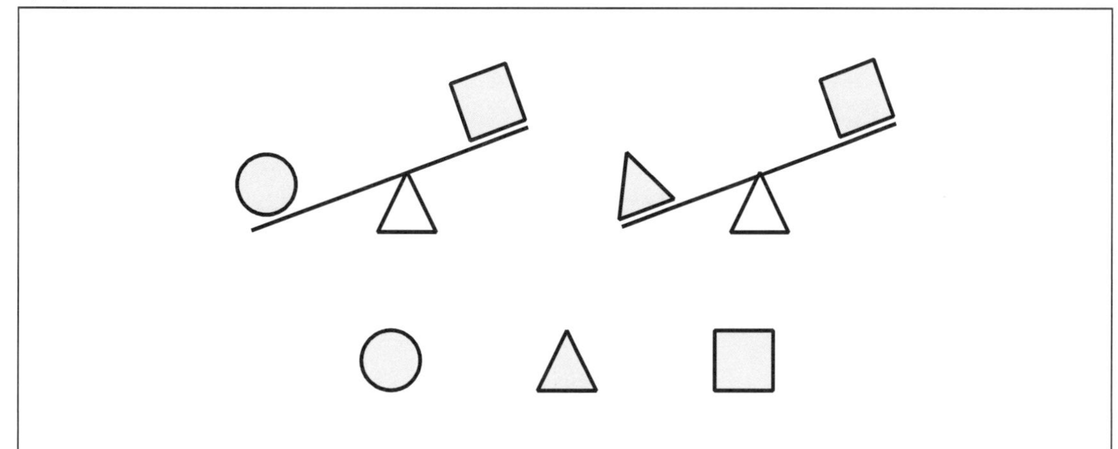

おもいと　かるい　って　むずかしいよね！　でも　あたまの
なかで　たくさん　イメージすると　いろんな　さくせんが
かんがえられるよ！

〔　　がつ　　にち〕

26 どれが大きい・小さい？

≪トレーニング≫ 同じ形の中でいちばん大きいものに○をしましょう。

(1)　(2)

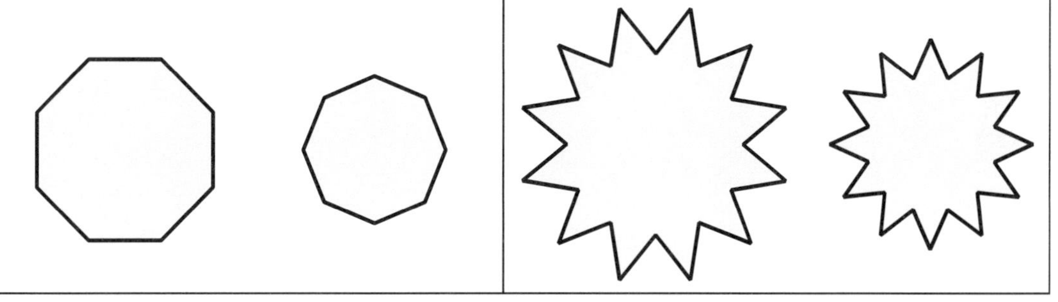

(3)

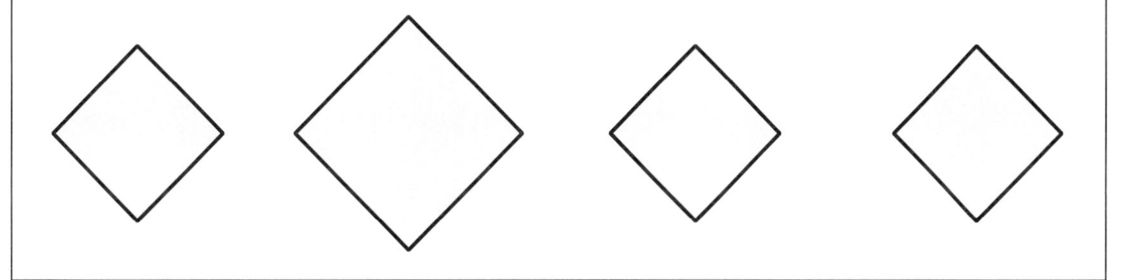

(4)

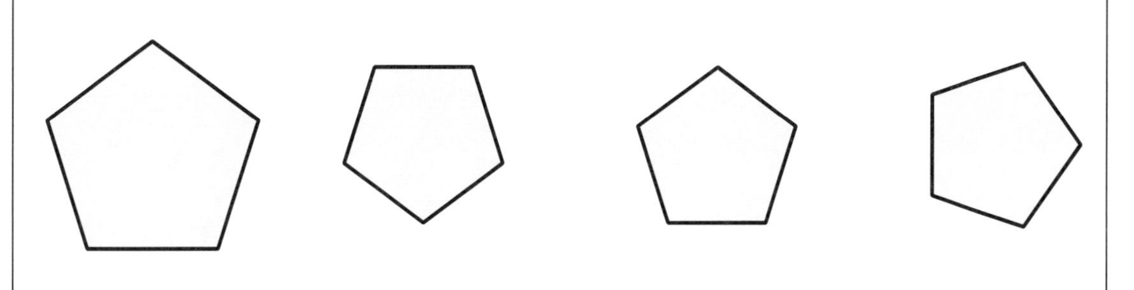

おおきい　と　ちいさい　は　くらべてみると　わかってくるね！
でも　おなじ　かたちでも　むきが　ちがうと　むずかしいね！

〔　　がつ　　にち〕

27 なかまさがし

≪トレーニング≫ お手本(てほん)と同(おな)じ形(かたち)に○をつけましょう。

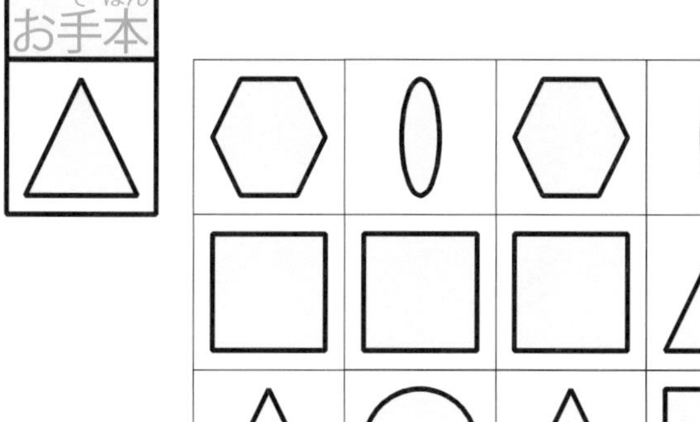

かくれんぼしている　おなじ　かたちを　さがして　みよう！
きづかない　ところにも　かくれているよ！

28 ビルはいくつ見える？

≪準備しよう！≫ ビルディングで使う専用の積み木を用意しましょう。

≪ステップ1≫ 中に書いてある数字はビルの高さです。
そのビルの高さに合わせて積み木を置きましょう。

≪ステップ2≫ 積み木を置いたら，
たて・横に同じ色の積み木がないことを確認しましょう。

≪ステップ3≫ 矢印の方向から見たとき，その列にいくつのビルが見えるか，
□の中に個数を数字で書きましょう。

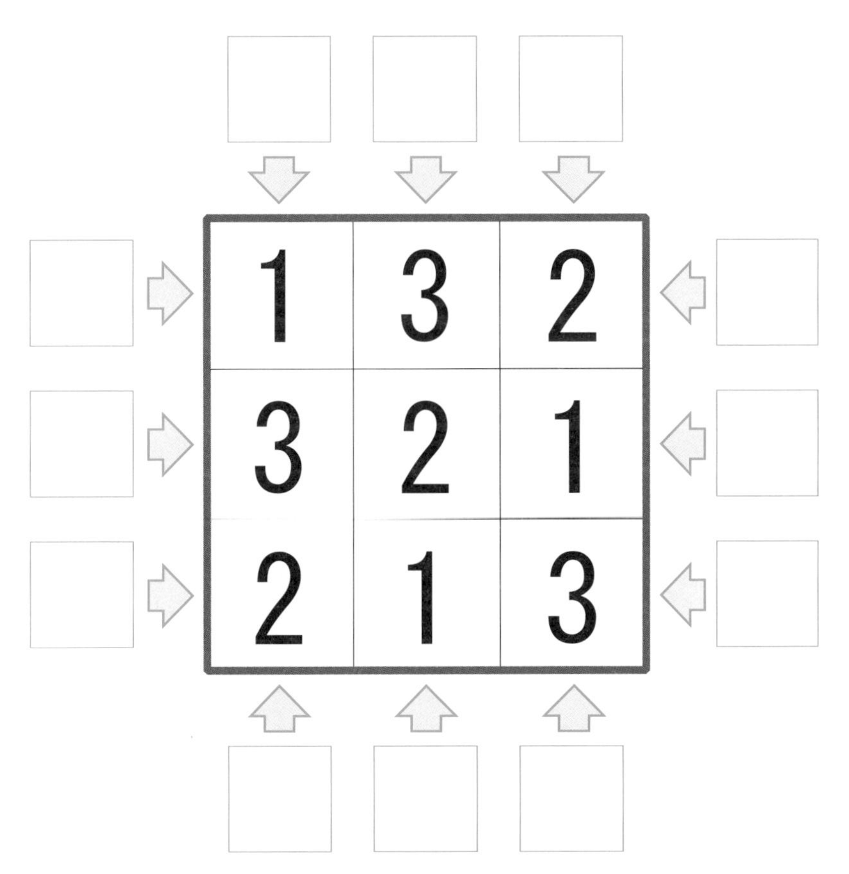

この　パズルは　とっても　むずかしいんだ。　でも　ビルを
つかって　かんがえてみよう！　かんせいしたら　いろんな
ほうこうから　みると　いろんなことが　わかってくるよ！

〔　　がつ　　にち〕

29 ビルはいくつ見える？

≪準備しよう！≫ ビルディングで使う専用の積み木を用意しましょう。

≪ステップ1≫ 中に書いてある数字はビルの高さです。
そのビルの高さに合わせて積み木を置きましょう。

≪ステップ2≫ 積み木を置いたら，
たて・横に同じ色の積み木がないことを確認しましょう。

≪ステップ3≫ 矢印の方向から見たとき，その列にいくつのビルが見えるか，
□の中に個数を数字で書きましょう。

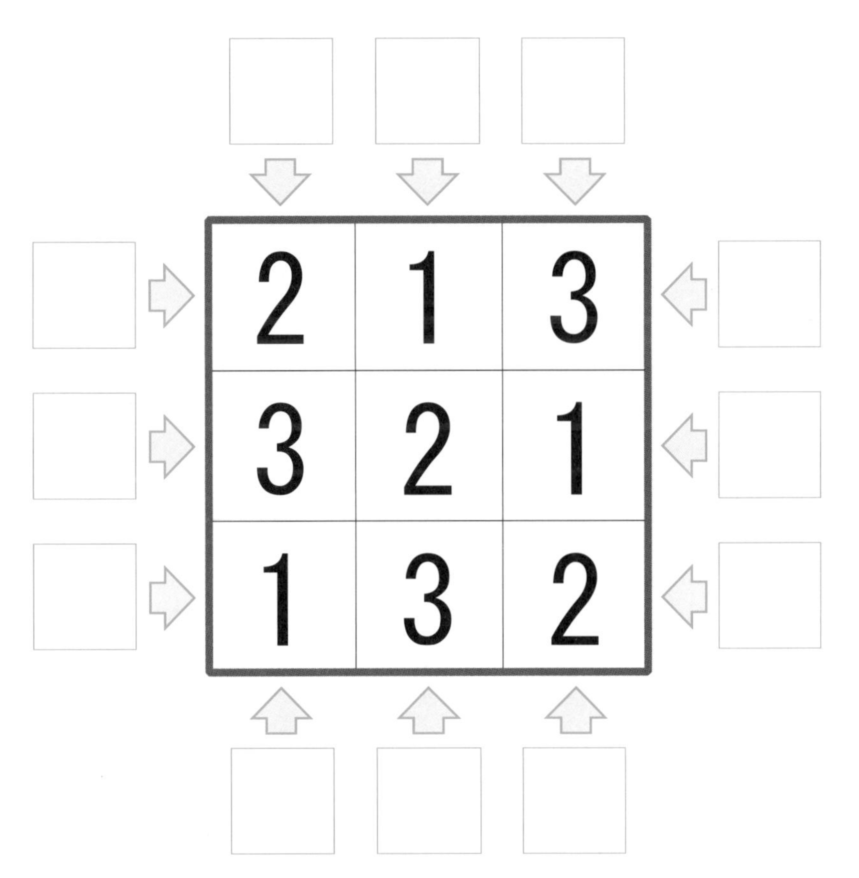

2	1	3
3	2	1
1	3	2

この　パズルは　とっても　むずかしいんだ。　でも　ビルを
つかって　かんがえてみよう！　かんせいしたら　いろんな
ほうこうから　みると　いろんなことが　わかってくるよ！

30 ビルはいくつ見える？

≪準備しよう！≫ ビルディングで使う専用の積み木を用意しましょう。

≪ステップ1≫ 中に書いてある数字はビルの高さです。
そのビルの高さに合わせて積み木を置きましょう。

≪ステップ2≫ 積み木を置いたら，
たて・横に同じ色の積み木がないことを確認しましょう。

≪ステップ3≫ 矢印の方向から見たとき，その列にいくつのビルが見えるか，
□の中に個数を数字で書きましょう。

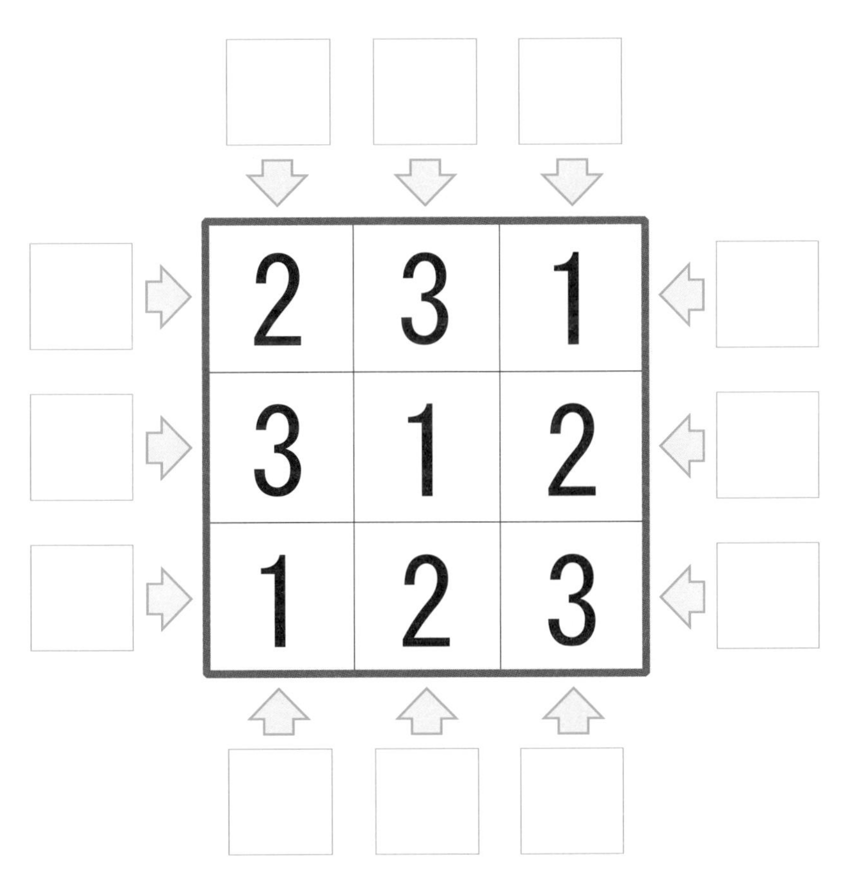

このパズルは　とっても　むずかしいんだ。　でも　ビルを
つかって　かんがえてみよう！　かんせいしたら　いろんな
ほうこうから　みると　いろんなことが　わかってくるよ！

〔　　がつ　　にち〕

31 ビルをつくろう！

≪準備しよう！≫ ビルディングで使う専用の積み木を用意しましょう。

≪ステップ1≫ 外側に書いてある数字はその方向から見たときに見えるビルの数を表しています。

≪ステップ2≫ たて・横に同じビルは並びません。分かるところからビルを置いてみましょう。

≪ステップ3≫ すべての方向から見える数字が正しいか確認しましょう。

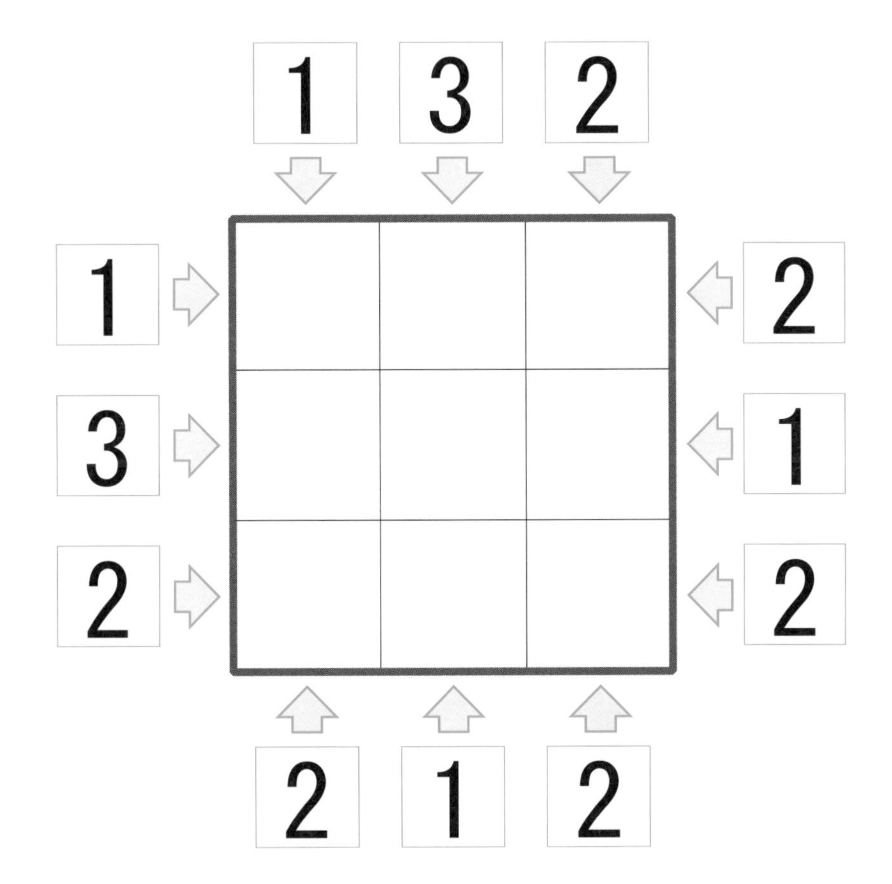

この　パズルは　とっても　むずかしいんだ。　でも　ビルを　つかって　かんがえてみよう！　かんせいしたら　いろんな　ほうこうから　みると　いろんなことが　わかってくるよ！

32 ビルをつくろう！

≪準備しよう！≫ ビルディングで使う専用の積み木を用意しましょう。

≪ステップ1≫ 外側に書いてある数字はその方向から見たときに見えるビルの数を表しています。

≪ステップ2≫ たて・横に同じビルは並びません。
分かるところからビルを置いてみましょう。

≪ステップ3≫ すべての方向から見える数字が正しいか確認しましょう。

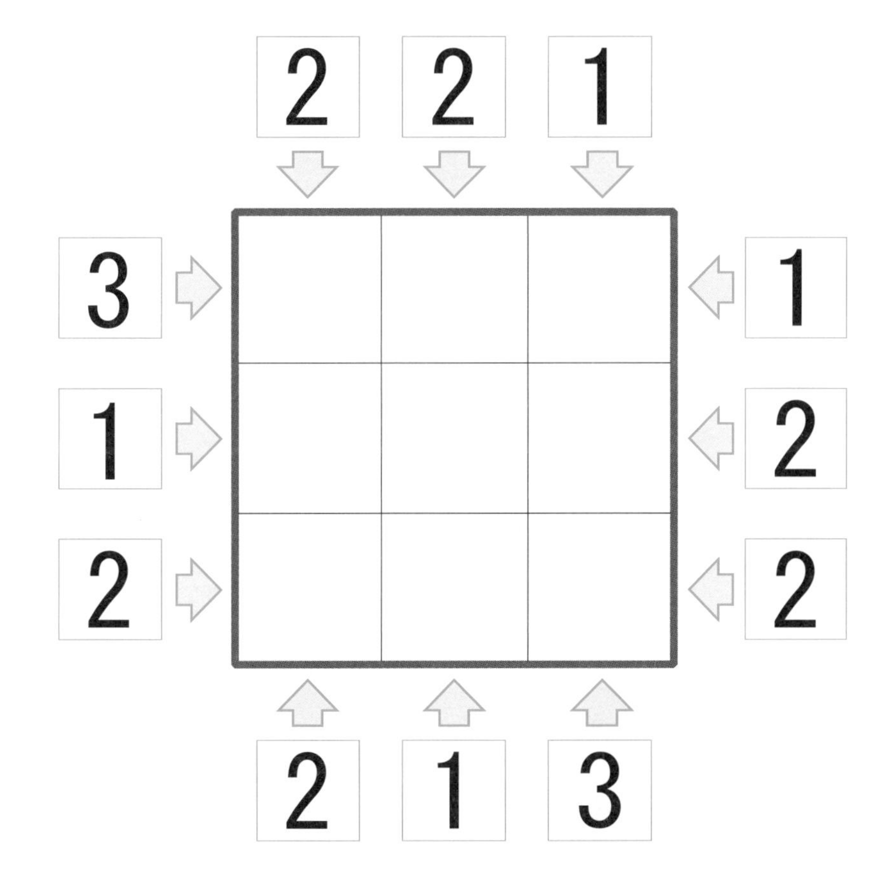

この　パズルは　とっても　むずかしいんだ。　でも　ビルを　つかって　かんがえてみよう！　かんせいしたら　いろんな　ほうこうから　みると　いろんなことが　わかってくるよ！

33 めいろ

≪ルール１≫ スタートからゴールまで進(すす)みます。
≪ルール２≫ 読書(どくしょ)をしている“わんくん”のじゃまをしないように，ゴールまで進(すす)みましょう。
≪ルール３≫ 進(すす)むときに，かべにぶつかってはいけません。

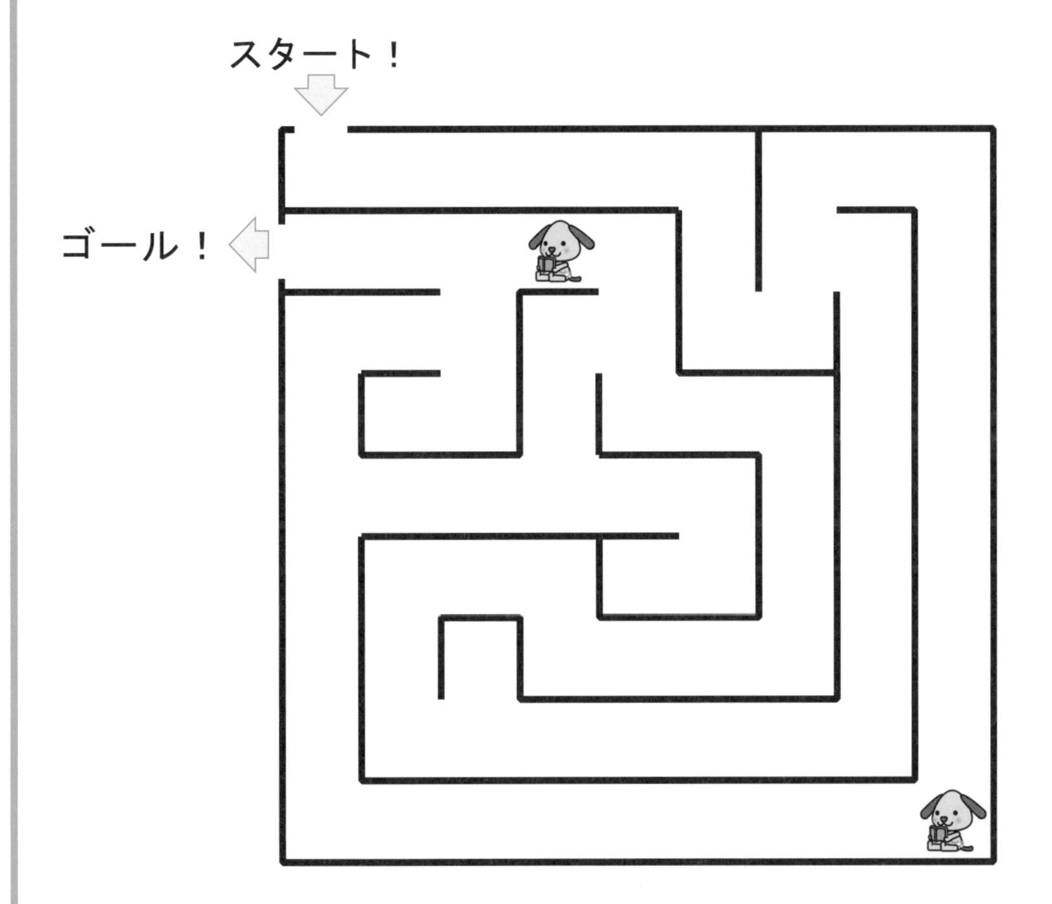

ゴールまで　たどりつけるかな？　ほんを　よんでいる　ぼくが
きづかないように　きを　つけて　すすんでみてね！
かべにも　ぶつからないように　きを　つけてね！

34 どっちが重(おも)い・軽(かる)い？

≪トレーニング≫ いちばん軽(かる)いものに○をしましょう。

(1)　(2)

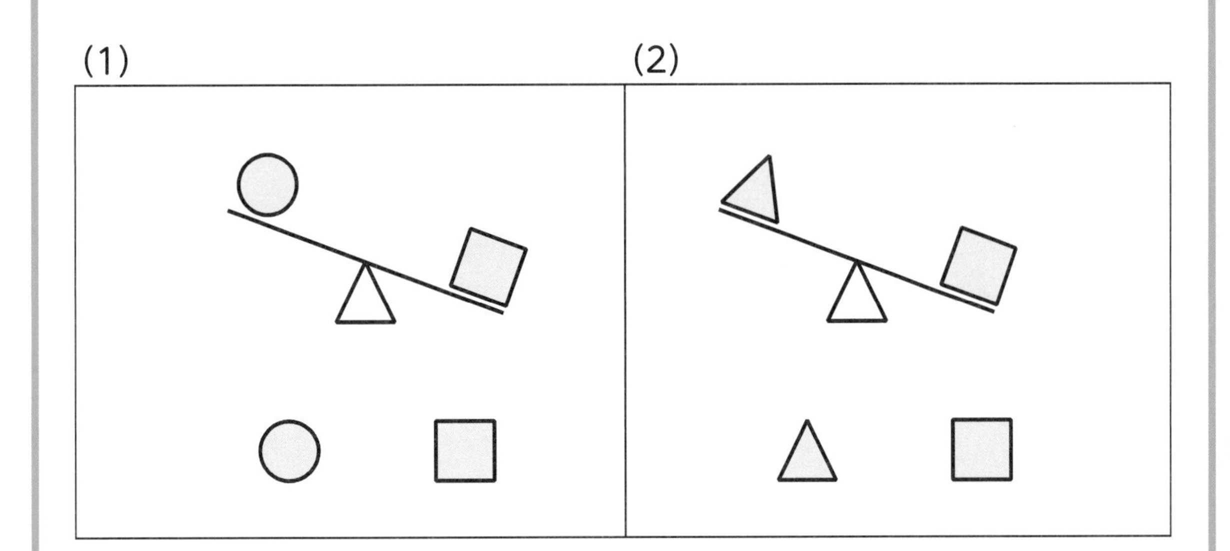

(3)

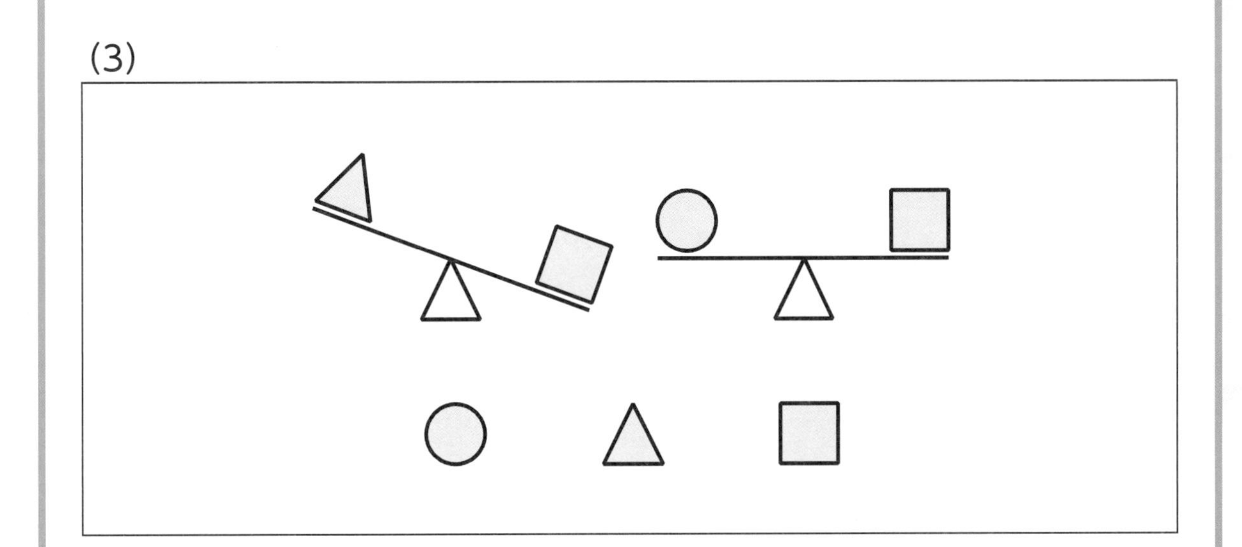

おもいと　かるい　って　むずかしいよね！　でも　あたまの　なかで　たくさん　イメージすると　いろんな　さくせんが　かんがえられるよ！

〔　　がつ　　にち〕

35 どれが大きい・小さい？

≪トレーニング≫ 同じ形の中でいちばん小さいものに○をしましょう。

(1)　(2)

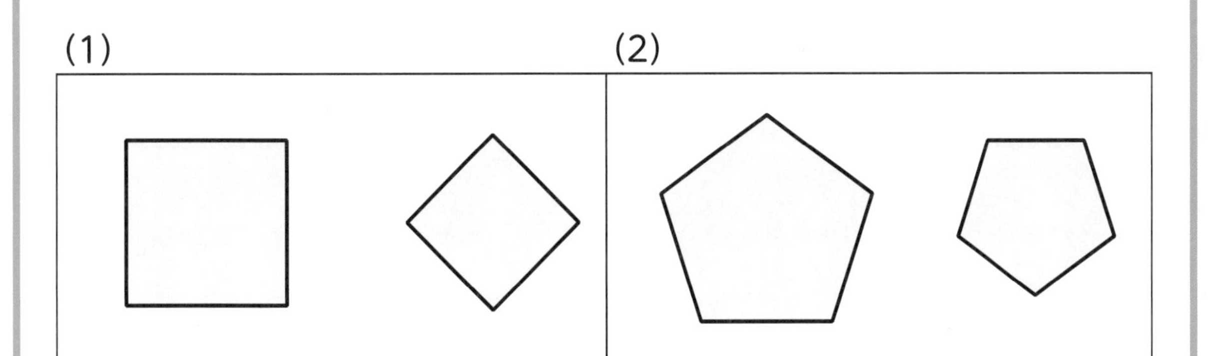

(3)

(4)

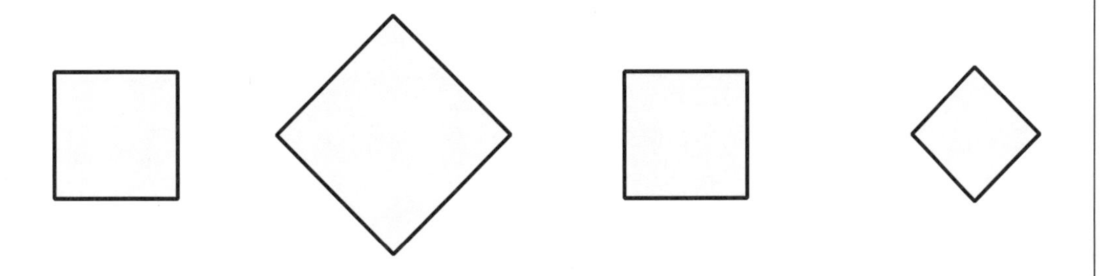

おおきい　と　ちいさい　は　くらべてみると　わかってくるね！
でも　おなじ　かたちでも　むきが　ちがうと　むずかしいね！

36 なかまさがし

≪トレーニング≫ お手本(てほん)と同(おな)じ形(かたち)に○をつけましょう。
回転(かいてん)させたものも同(おな)じものとします。

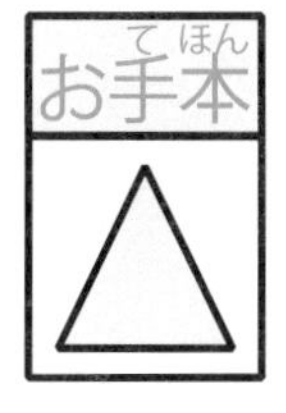

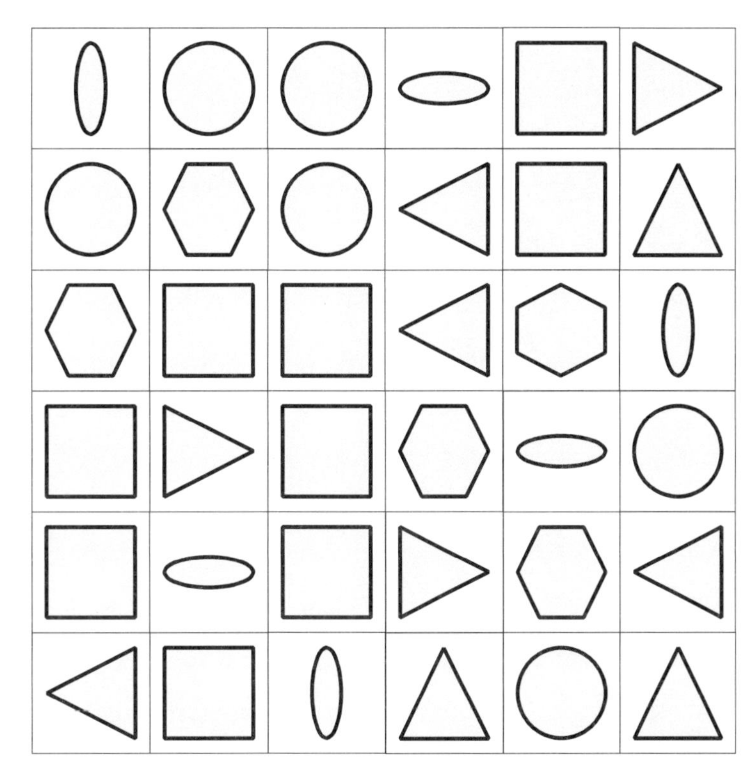

かくれんぼしている　おなじ　かたちを　さがして　みよう！
きづかない　ところにも　かくれているよ！

仮説思考入門 パズル道場検定

1 ≪準備しよう！≫ ビルディングで使う専用の積み木を用意しましょう。

≪ステップ1≫ 外側に書いてある数字はその方向から見たときに見えるビルの数を表しています。

≪ステップ2≫ たて・横に同じビルは並びません。
分かるところからビルを置いてみましょう。

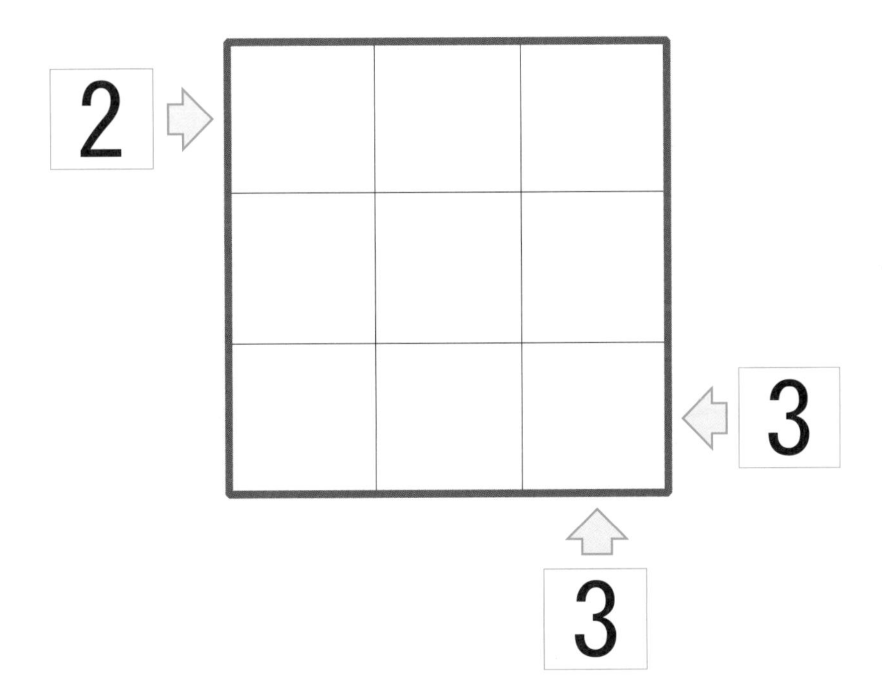

2

≪ルール1≫ スタートからゴールまで進(すす)みます。

≪ルール2≫ 読書(どくしょ)をしている“わんくん”のじゃまをしないように，ゴールまで進(すす)みましょう。

≪ルール3≫ 進(すす)むときに，かべにぶつかってはいけません。

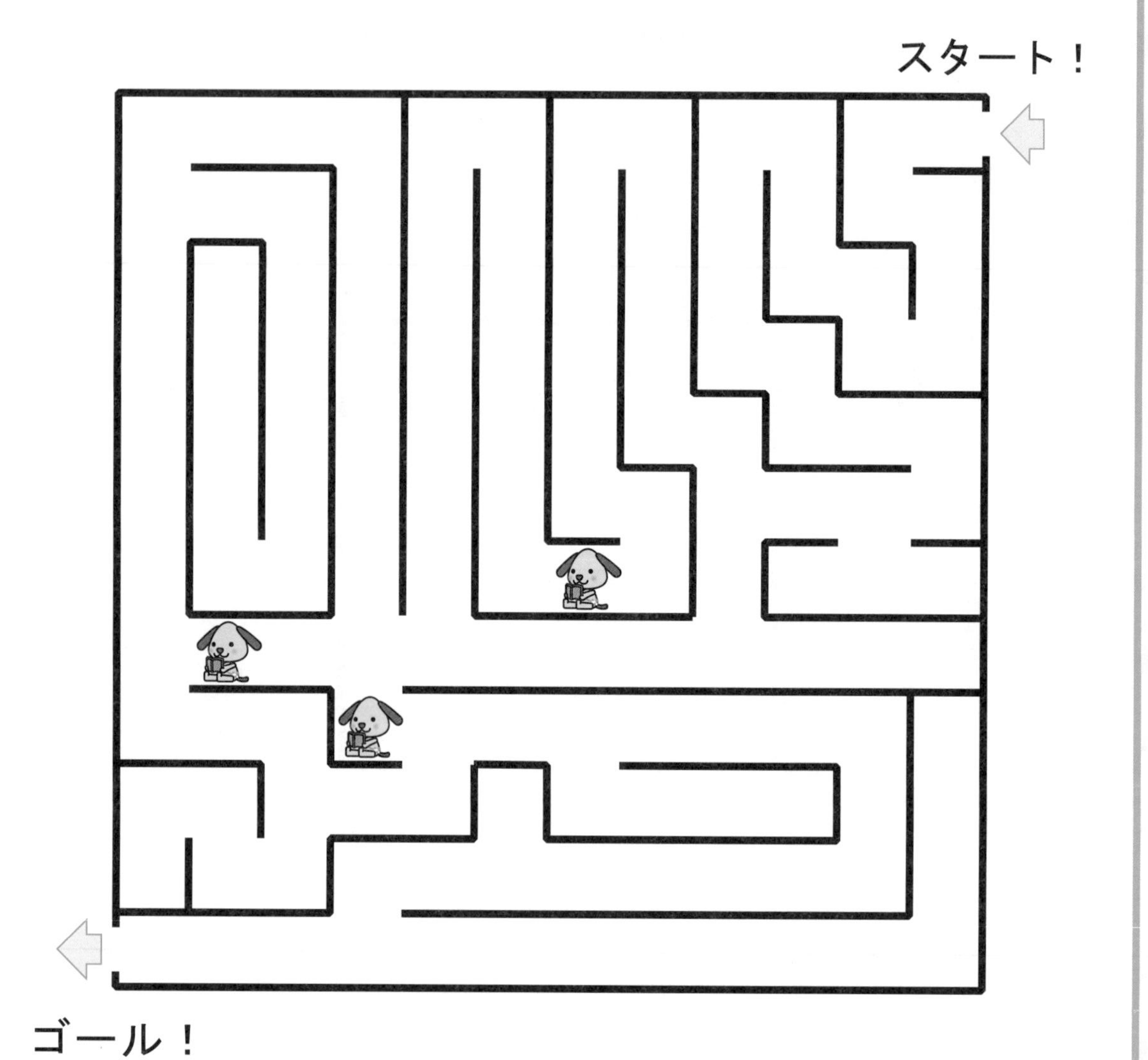

1

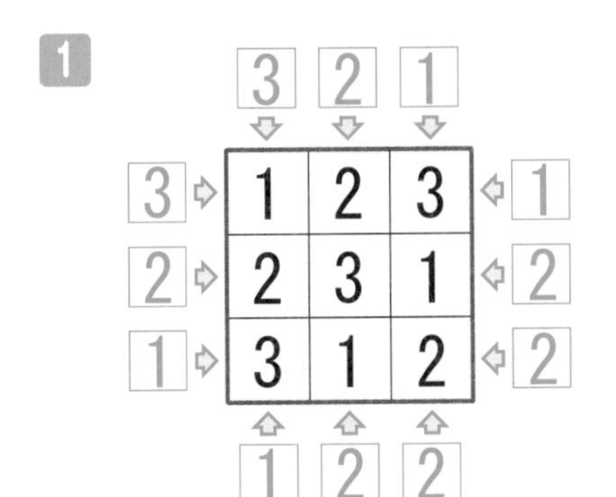

2

	3	1	2	
2	1	3	2	2
2	2	1	3	1
1	3	2	1	3
	1	2	2	

3

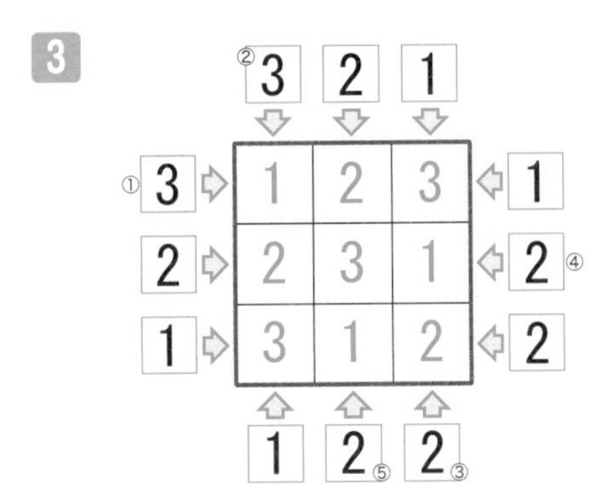

4

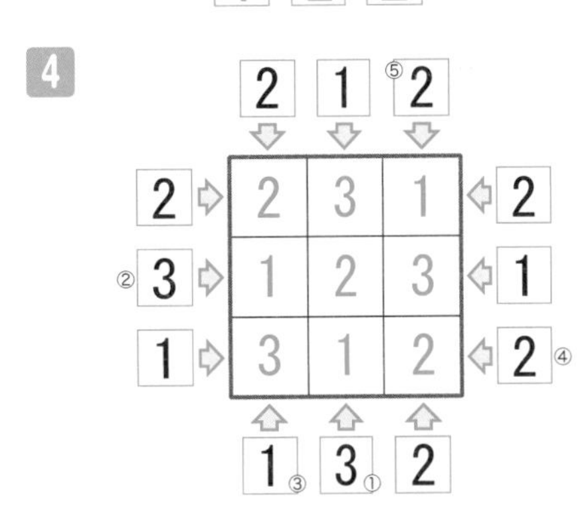

5

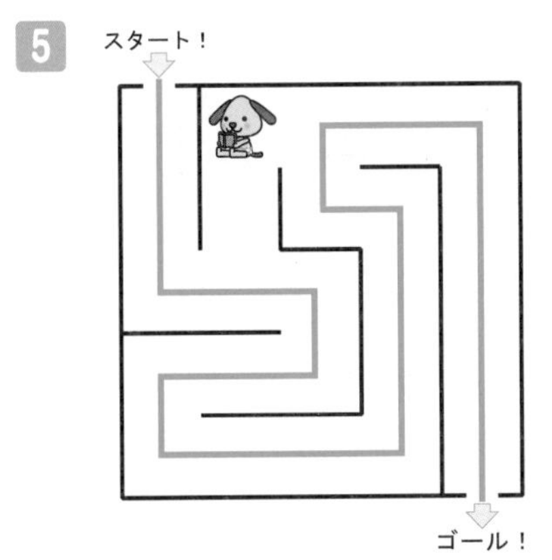

6

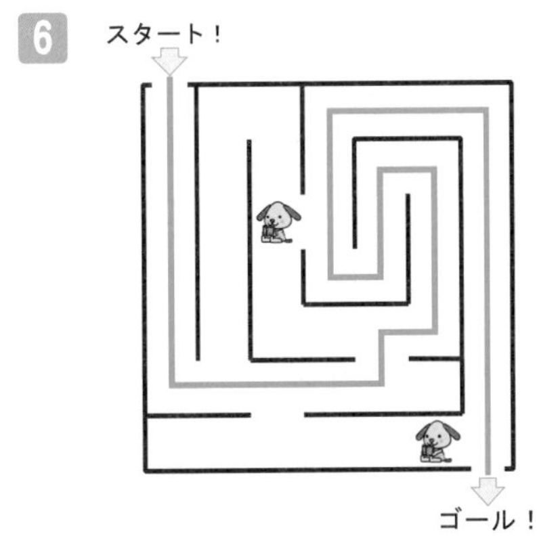

7 （1）○　（2）□　（3）□

8 （1）　（2）

（3）

（4）

9

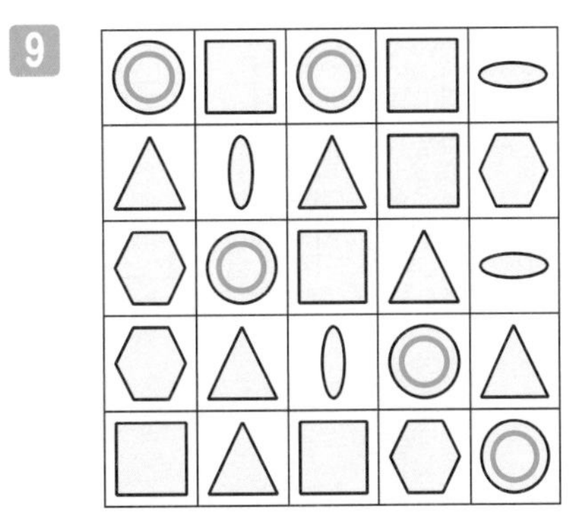

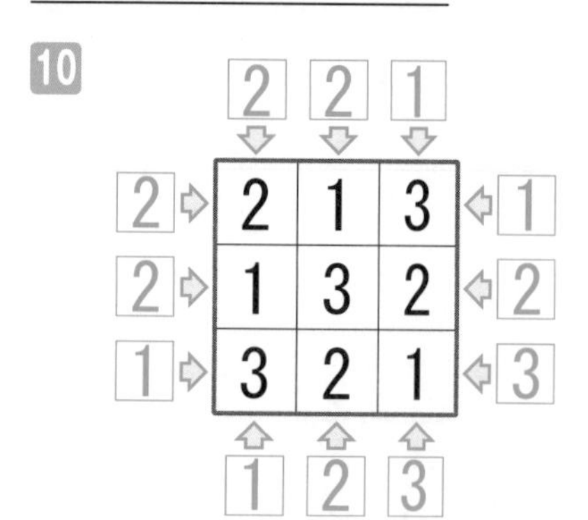

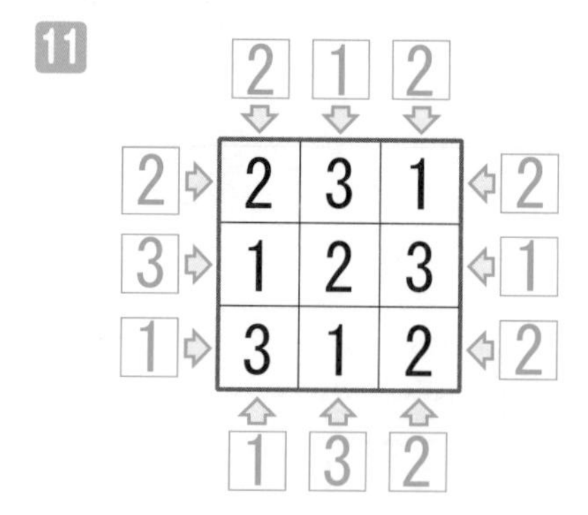

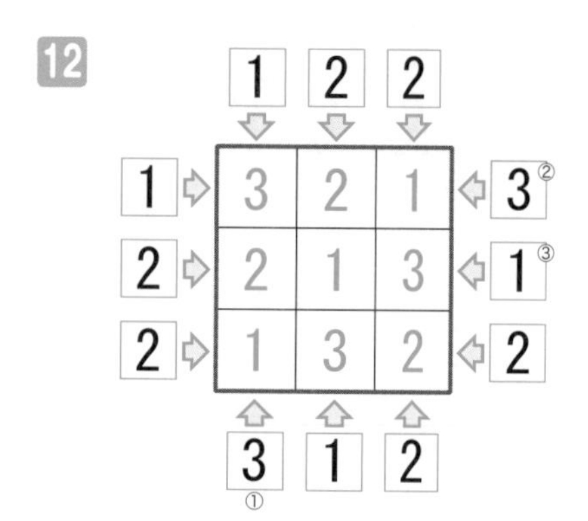

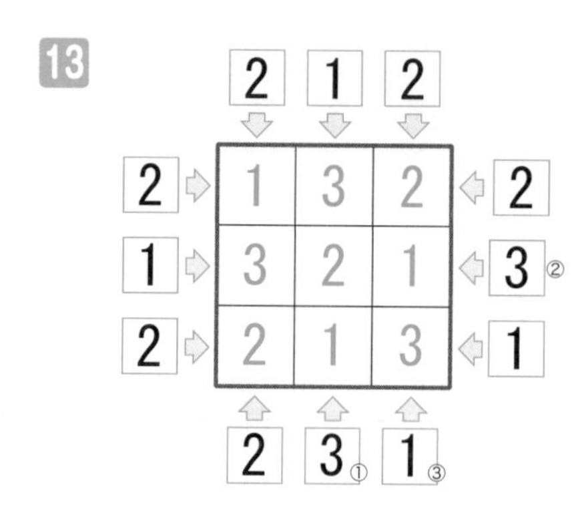

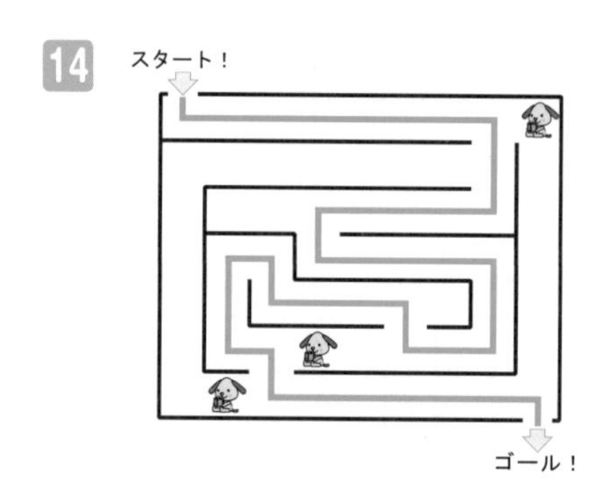

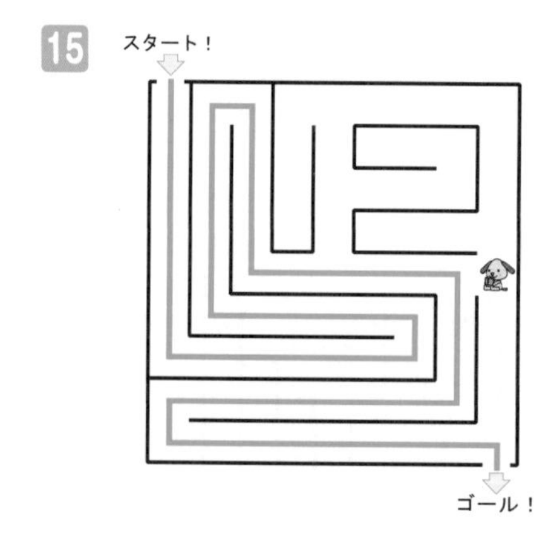

16 (1)△　(2)□　(3)△

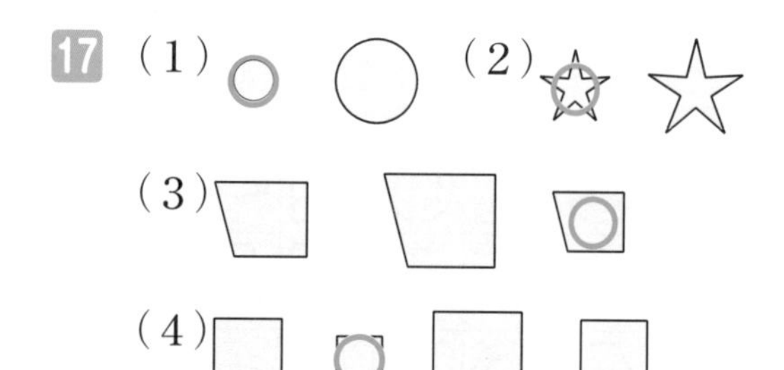

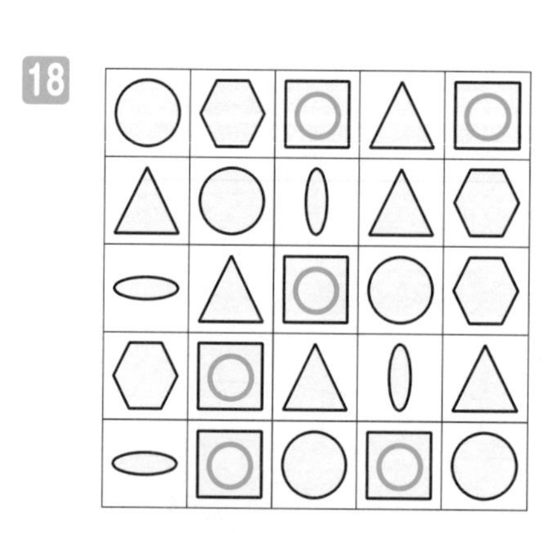

19

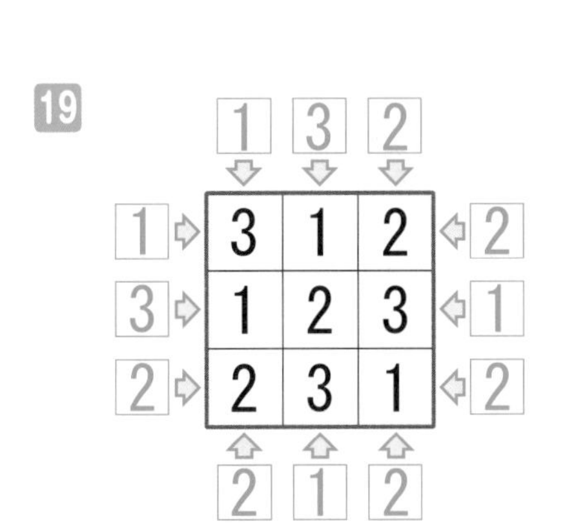

20

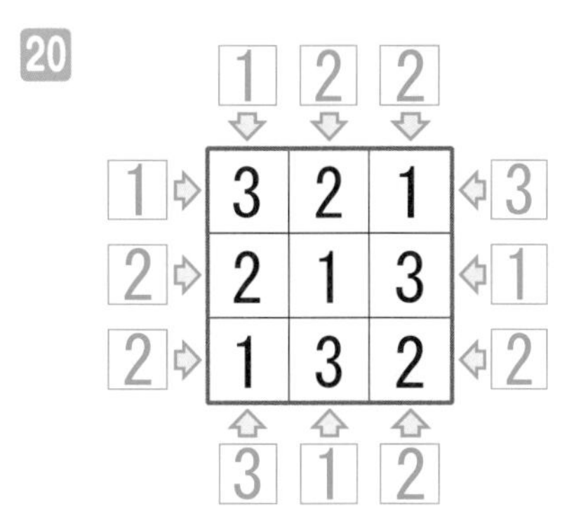

21

	2	2	1	
3	1	2	3	1
1	3	1	2	2
2	2	3	1	2
	2	1	3	

22

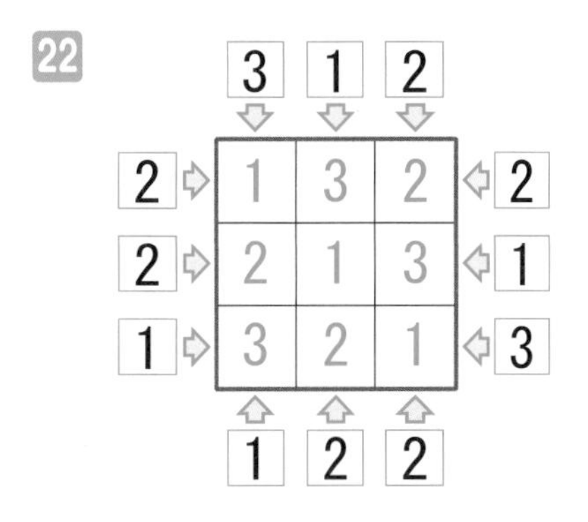

23

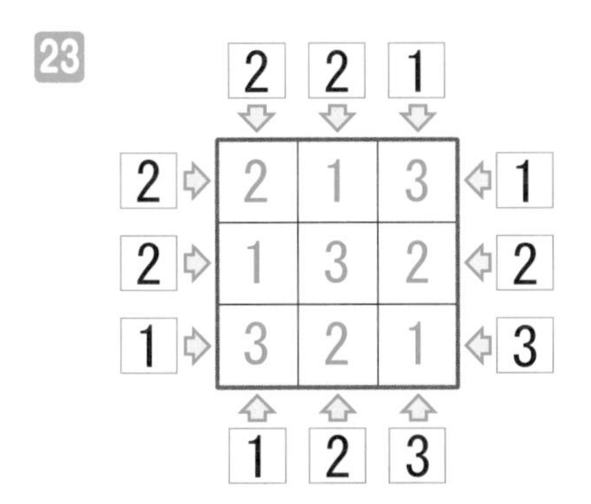

24

25　(1)○　(2)□　(3)□

26

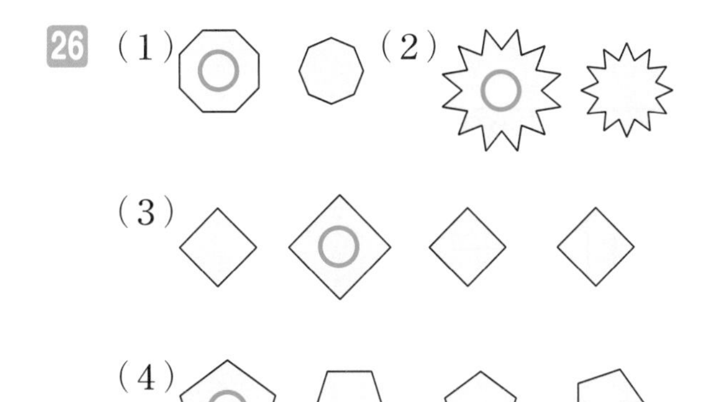

27

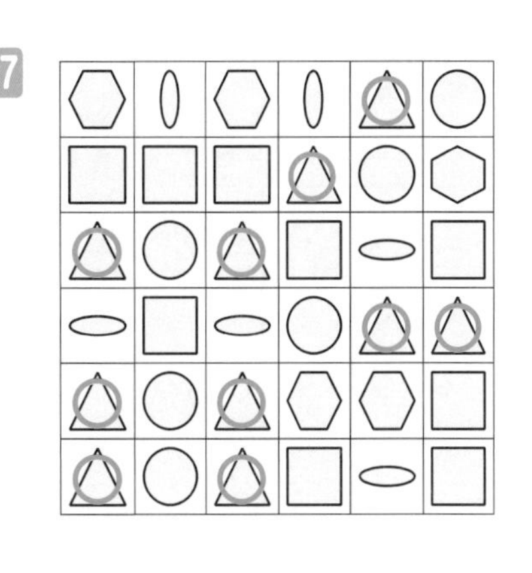

28

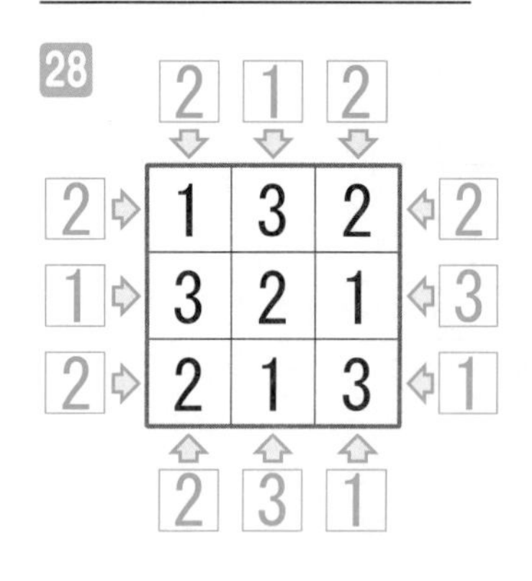

29

	2	3	1	
2	2	1	3	1
1	3	2	1	3
2	1	3	2	2
	2	1	2	

30

	2	1	3	
2	2	3	1	2
1	3	1	2	2
3	1	2	3	1
	2	2	1	

31

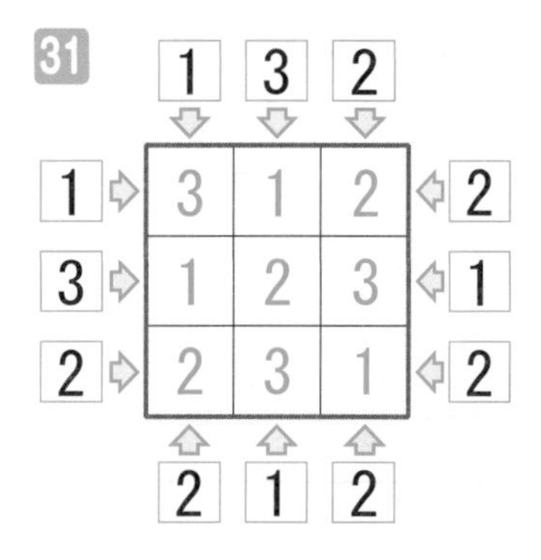

32

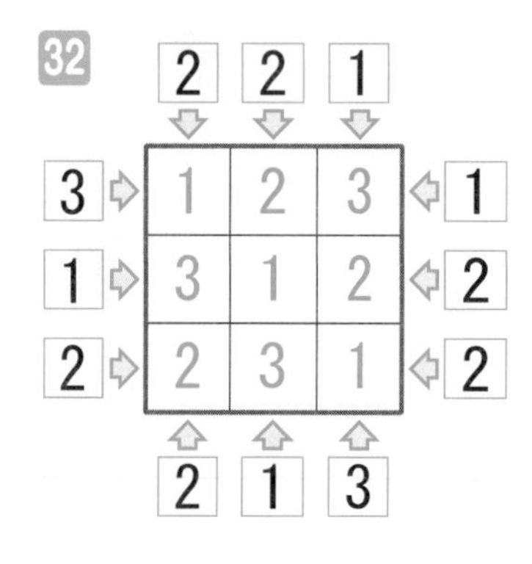

33

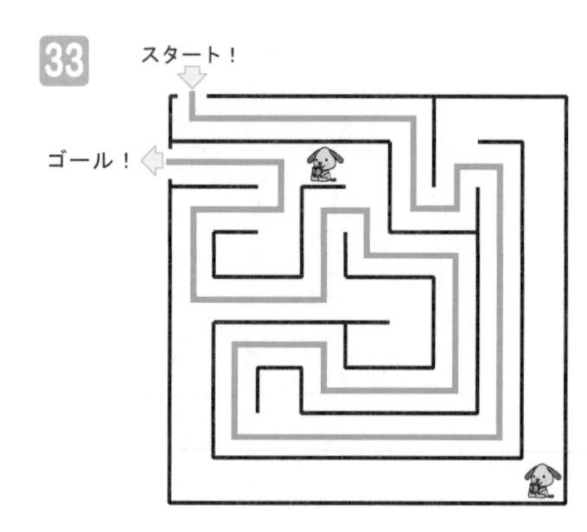

34 （1）○　（2）△　（3）△

35

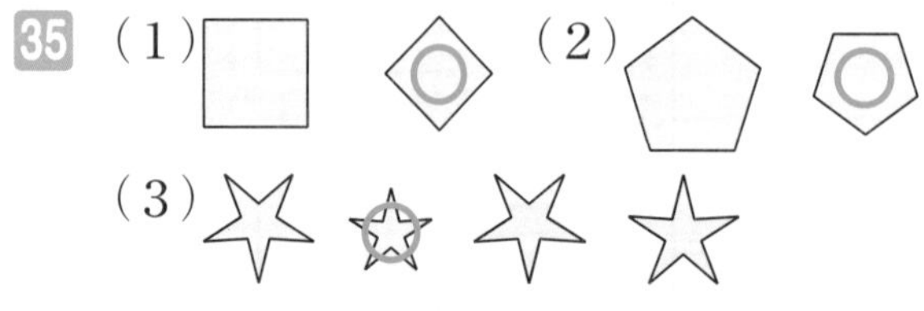

36

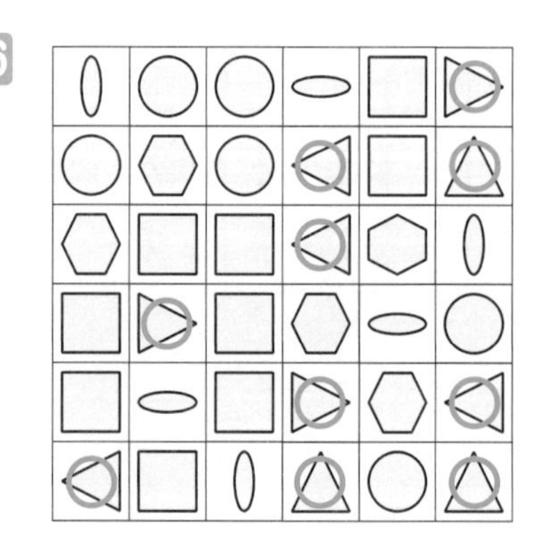

パズル道場検定

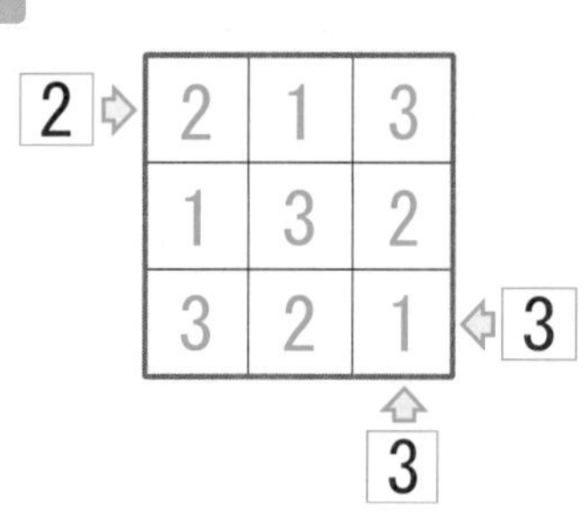

2

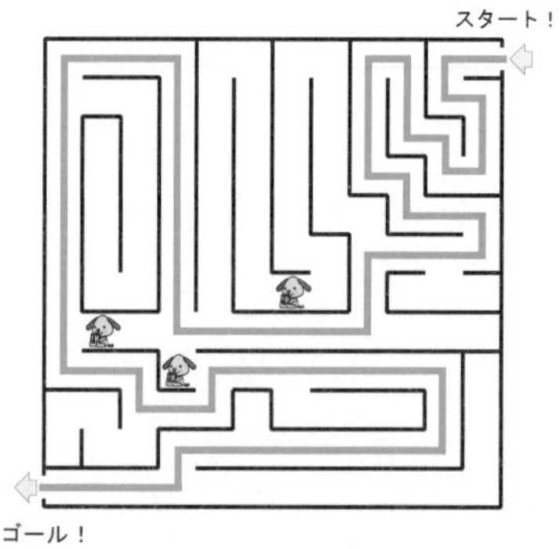

「パズル道場検定」ができたときは，次ページの天才脳ドリル仮説思考入門「認定証」を授与します。おめでとうございます。

認定証

仮説思考 入門

殿

あなたはパズル道場検定において、仮説思考コースの入門に合格しました。ここにその努力をたたえ認定証を授与します。

年　月

パズル道場

山下善徳・橋本龍吾